수학의 기본은 계산력, 정확성과 계산 속도를 높히는

《계산의 신》 시리즈

중도에 포기하는 학생은 있어도
끝까지 풀었을 때 신의 경지에 오르지 않는 학생은 없습니다!

꼭 있어야 할 교재, 최고의 교재를 만드는 '꿈을담는틀'에서
신개념 초등 계산력 교재 《계산의 신》을 한층 업그레이드 했습니다.

초등 수학은 마구잡이 공부보다 체계적 학습이 중요합니다.
KAIST 출신 수학 선생님들이 집필한 특별한 교재로
하루 10분씩 꾸준히 공부해 보세요.
어느 순간 계산의 신(神)의 경지에 올라 있을 것입니다.

부모님이 자녀에게, 선생님이 제자에게
이 교재를 선물해 주세요.

__________가 __________에게

왜? 계산력 교재는 <계산의 신>이 가장 좋은가?

1 요즘엔 초등 계산법 책이 너무 많아서 어떤 책을 골라야 할지 모르겠어요!

기존의 계산력 문제집은 대부분 저자가 '연구회 공동 집필'로 표기되어 있습니다. 반면 꿈을담는틀의 《계산의 신》은 KAIST 출신의 수학 선생님이 공동 저자로, 아이들을 직접 가르쳤던 경험을 담아 만든 '엄마, 아빠표 문제집'입니다. 수학 교육 분야의 뛰어난 전문성과 교육 경험을 두루 갖추고 있어 믿을 수 있습니다.

전문성
경험

2 영어는 해외 연수를 가면 된다지만, 수학 공부는 대체 어떻게 해야 하죠?

영어 실력을 키우려고 해외 연수 다니는 것을 본 게 어제오늘 일이 아니죠? 반면 수학은 어떨까요? 수학에는 왕도가 없어요. 가장 중요한 건 매일 조금씩 꾸준히 연마하는 것뿐입니다. 《계산의 신》에 나오는 A와 B, 두 가지 유형의 문제를 풀면서 자연스럽게 수학의 기초를 닦아 보세요. 초등 계산법 완성을 향한 즐거운 도전을 시작할 수 있습니다.

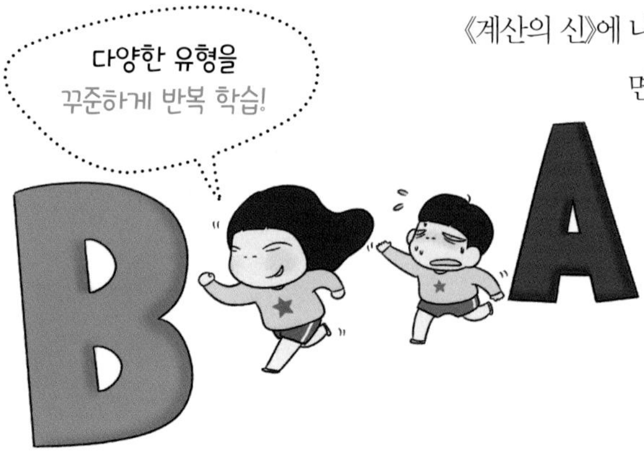
다양한 유형을
꾸준하게 반복 학습!
B
A

3 아이들이 스스로 공부할 수 있는 교재인가요?

《계산의 신》은 아이들이 스스로 생각하고 계산할 수 있도록 구성되어 있습니다. 핵심 포인트를 보며 유형을 파악하고, 문제를 푼 후에 스스로 자신의 풀이를 평가할 수 있습니다. 부담 없는 분량, 친절한 설명과 예시, 두 가지 유형 반복 학습과 실력 진단 평가는 아이들이 교사나 부모님에게 기대지 않고, 스스로 학습하는 힘을 길러 줄 것입니다.

이해하고 풀고
복습하고!
혼자서도 잘해요!

4 정확하게 푸는 게 중요한가요, 빠르게 푸는 게 중요한가요?

물론 속도를 무시할 순 없습니다. 그러나 그에 앞서 선행되어야 하는 것이 바로 '정확성'입니다. 《계산의 신》은 예시와 함께 해당 연산의 핵심 포인트를 짚어 주며 문제를 정확하게 이해할 수 있도록 도와줍니다. '스스로 학습 관리표'는 문제 풀이 속도를 높이는 데에 동기부여가 될 것입니다. 《계산의 신》과 함께 정확성과 속도, 두 마리 토끼를 모두 잡아 보세요.

정확하게
이해하는 게 우선!
50
100

5 학교 성적에 도움이 될까요?
수학 교과서와 친해질 수 있나요?

재미와 속도, 정확성 모두 중요하지만 무엇보다 '학교 성적'에 얼마나 도움이 되느냐가 가장 중요하겠지요? 《계산의 신》은 최신 교육 과정을 100% 반영한 단계별 학습으로 구성되어 있습니다. 따라서 《계산의 신》을 꾸준히 학습하면 자연스럽게 '수학 교과서'와 친해져 학교 성적이 올라갈 것입니다.

교과서 정복!

6 문제를 다 풀어 놓고도
아이가 자꾸 기억이 안 난다고 해요.

《계산의 신》에는 두 가지 유형 반복 학습 외에도 세 단계마다 자신이 푼 문제를 복습하는 '세 단계 묶어 풀기'가 있고, 마지막에는 교재 전체 내용을 한 번 더 복습할 수 있는 '전체 묶어 풀기'가 있습니다. 풀었던 문제들을 다시 묶어서 풀며, 예전에 학습했던 계산 문제들을 완전히 자신의 것으로 만들 수 있습니다.

풀었던 유형
묶어서 다시 풀자!

KAIST 출신 수학 선생님들이 집필한

계산의 신 神

송명진·박종하 지음

10

초등

5학년 2학기

분수와 소수의 곱셈

권별 학습 구성

초등1 1권 | 자연수의 덧셈과 뺄셈 기본 (1)

001단계	수를 가르고 모으기
002단계	합이 9까지인 덧셈
003단계	차가 9까지인 뺄셈
	세 단계 묶어 풀기
	재미있는 수학이야기
004단계	덧셈과 뺄셈
005단계	10을 가르고 모으기
006단계	10의 덧셈과 뺄셈
	세 단계 묶어 풀기
	창의력 쑥쑥! 수학퀴즈
007단계	연이은 덧셈, 뺄셈
008단계	19까지의 수 모으고 가르기
009단계	(몇십)+(몇), (몇)+(몇십)
	세 단계 묶어 풀기
	창의력 쑥쑥! 수학퀴즈
010단계	(몇십 몇)±(몇)
	전체 묶어 풀기
	창의력 쑥쑥! 수학퀴즈

초등1 2권 | 자연수의 덧셈과 뺄셈 기본 (2)

011단계	(몇십)±(몇십)
012단계	(몇십 몇)+(몇십 몇)
013단계	(몇십 몇)-(몇십 몇)
	세 단계 묶어 풀기
	창의력 쑥쑥! 수학퀴즈
014단계	받아올림/받아내림이 없는 덧셈과 뺄셈 종합
015단계	세 수의 덧셈과 뺄셈
016단계	연이은 덧셈, 뺄셈
	세 단계 묶어 풀기
	창의력 쑥쑥! 수학퀴즈
017단계	받아올림이 있는 (몇)+(몇)
018단계	받아내림이 있는 (십몇)-(몇)
019단계	받아올림/받아내림이 있는 덧셈과 뺄셈 종합
	세 단계 묶어 풀기
	창의력 쑥쑥! 수학퀴즈
020단계	계산의 활용-규칙찾기
	전체 묶어 풀기
	재미있는 수학이야기

초등2 3권 | 자연수의 덧셈과 뺄셈 발전

021단계	(두 자리 수)+(한 자리 수)
022단계	(두 자리 수)+(두 자리 수) (1)
023단계	(두 자리 수)+(두 자리 수) (2)
	세 단계 묶어 풀기
	창의력 쑥쑥! 수학퀴즈
024단계	(두 자리 수)-(한 자리 수)
025단계	(몇십)-(두 자리 수)
026단계	(두 자리 수)-(두 자리 수)
	세 단계 묶어 풀기
	창의력 쑥쑥! 수학퀴즈
027단계	두 자리 수의 덧셈과 뺄셈 종합
028단계	덧셈, 뺄셈의 여러 가지 방법
029단계	덧셈과 뺄셈의 관계
	세 단계 묶어 풀기
	창의력 쑥쑥! 수학퀴즈
030단계	세 수의 혼합 계산
	전체 묶어 풀기
	창의력 쑥쑥! 수학퀴즈

초등2 4권 | 네 자리 수/ 곱셈구구

031단계	네 자리 수
032단계	각 자리의 숫자가 나타내는 값
033단계	뛰어 세기
	세 단계 묶어 풀기
	창의력 쑥쑥! 수학퀴즈
034단계	같은 수 여러 번 더하기
035단계	2, 5, 3, 4의 단 곱셈구구
036단계	6, 7, 8, 9의 단 곱셈구구 (1)
	세 단계 묶어 풀기
	창의력 쑥쑥! 수학퀴즈
037단계	6, 7, 8, 9의 단 곱셈구구 (2)
038단계	곱셈구구 종합 (1)
039단계	곱셈구구 종합 (2)
	세 단계 묶어 풀기
	창의력 쑥쑥! 수학퀴즈
040단계	계산의 활용-길이의 합과 차
	전체 묶어 풀기
	재미있는 수학이야기

초등3 5권 | 자연수의 덧셈과 뺄셈 / 곱셈과 나눗셈

041단계	(세 자리 수)+(세 자리 수) (1)
042단계	(세 자리 수)+(세 자리 수) (2)
043단계	(세 자리 수)-(세 자리 수) (1)
	세 단계 묶어 풀기
	재미있는 수학이야기
044단계	(세 자리 수)-(세 자리 수) (2)
045단계	나눗셈 기초
046단계	곱셈구구 범위에서의 나눗셈
	세 단계 묶어 풀기
	재미있는 수학이야기
047단계	(두 자리 수)×(한 자리 수) (1)
048단계	(두 자리 수)×(한 자리 수) (2)
049단계	길이의 덧셈과 뺄셈
	세 단계 묶어 풀기
	재미있는 수학이야기
050단계	시간의 합과 차
	전체 묶어 풀기
	창의력 쑥쑥! 수학퀴즈

초등3 6권 | 자연수의 곱셈과 나눗셈 발전

051단계	(세 자리 수)×(한 자리 수) (1)
052단계	(세 자리 수)×(한 자리 수) (2)
053단계	(두 자리 수)×(두 자리 수) (1)
	세 단계 묶어 풀기
	창의력 쑥쑥! 수학퀴즈
054단계	(두 자리 수)×(두 자리 수) (2)
055단계	(몇십)÷(몇), (몇백 몇십)÷(몇)
056단계	(두 자리 수)÷(한 자리 수) (1)
	세 단계 묶어 풀기
	재미있는 수학이야기
057단계	(두 자리 수)÷(한 자리 수) (2)
058단계	(두 자리 수)÷(한 자리 수) (3)
059단계	(세 자리 수)÷(한 자리 수)
	세 단계 묶어 풀기
	재미있는 수학이야기
060단계	들이와 무게의 덧셈과 뺄셈
	전체 묶어 풀기
	창의력 쑥쑥! 수학퀴즈

계산의 신 활용 가이드

1 매일 자신의 학습을 체크해 보세요.

매일 문제를 풀면서 맞힌 개수를 적고, 걸린 시간 만큼 '스스로 학습 관리표'에 색칠해 보세요. 하루하루 지날수록 실력이 자라고, 계산 속도가 빨라지는 것을 눈으로 확인할 수 있습니다.

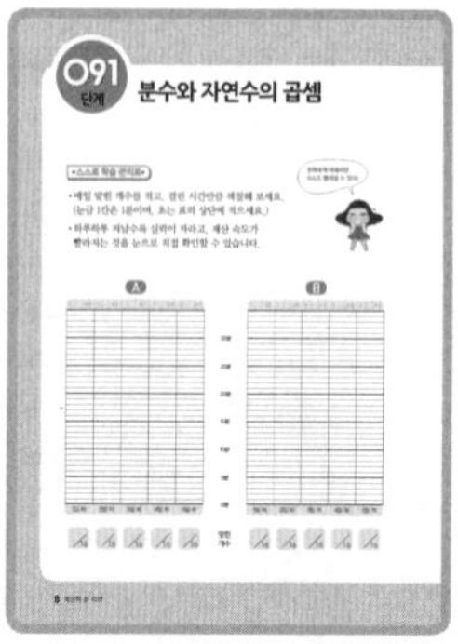
091 단계
분수와 자연수의 곱셈

2 개념과 연산 과정을 이해하세요.

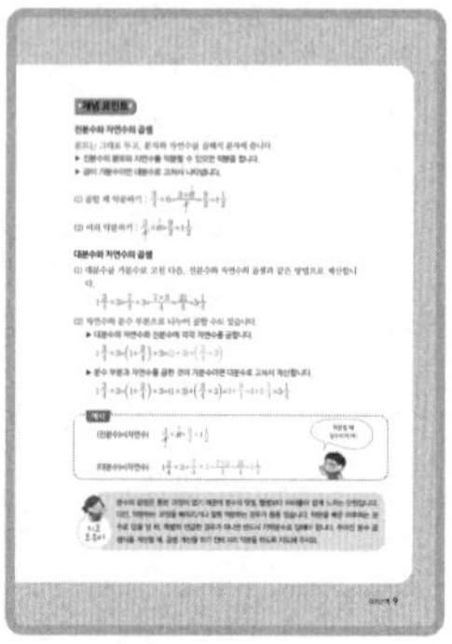

개념을 이해하고 예시를 통해 연산 과정을 확인하면 계산 과정에서 실수를 줄일 수 있어요. 또 아이의 학습을 도와주시는 선생님 또는 부모님을 위해 '지도 도우미'를 제시하였습니다.

3 매일 2쪽씩 꾸준히 반복 학습해 보세요.

매일 2쪽씩 5일 동안 차근차근 반복 학습하다 보면 어려운 문제도 두려움 없이 도전할 수 있습니다. 문제를 풀다가 계산 방법을 모를 때는 '개념 포인트'를 다시 한 번 학습한 후 풀어 보세요.

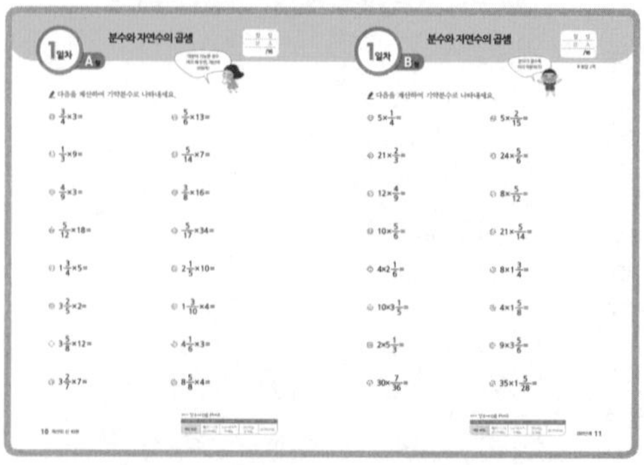
분수와 자연수의 곱셈
분수와 자연수의 곱셈

4 세 단계마다 또는 전체를 **묶어 복습**해 보세요.

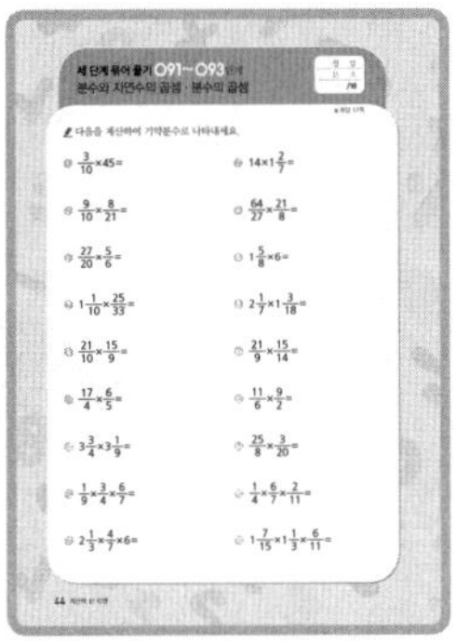

시간이 지나면 아이들은 학습했던 내용을 곧잘 잊어버리는 경향이 있어요. 그래서 세 단계마다 '묶어 풀기', 마지막에는 '전체 묶어 풀기'를 통해 학습했던 내용을 다시 복습할 수 있습니다.

5 즐거운 **수학이야기**와 **수학퀴즈** 함께 해요!

묶어 풀기가 끝나면 '재미있는 수학이야기'와 '수학퀴즈'가 기다리고 있어요. 흥미로운 수학이야기와 수학퀴즈는 좌뇌와 우뇌를 고루 발달시켜 주고, 창의성을 키워 준답니다.

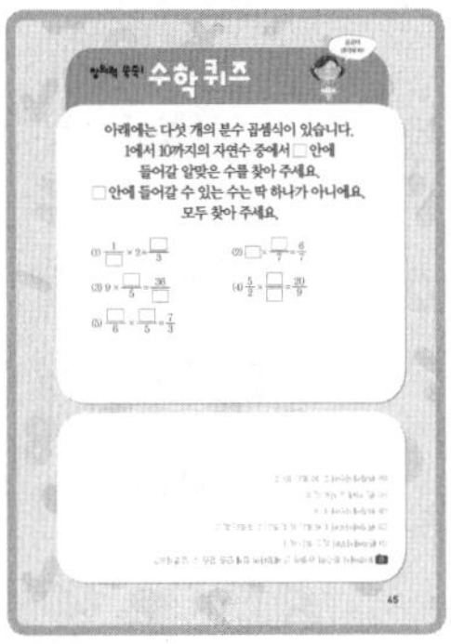

6 아이의 **학습 성취도**를 점검해 보세요.

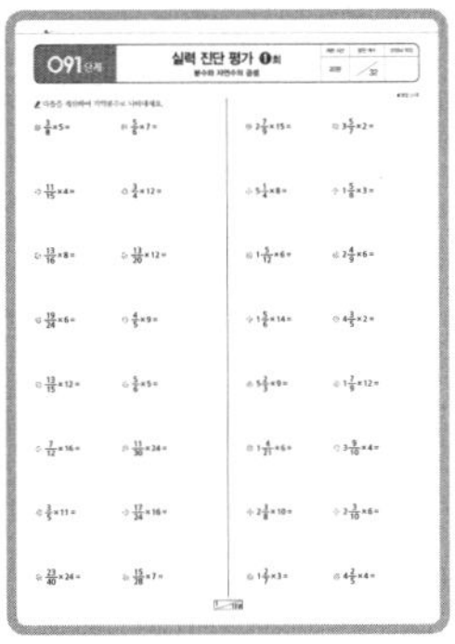

권두부록으로 제시된 '실력 진단 평가'로 아이의 학습 성취도를 점검할 수 있어요. 각 단계별로 2회씩 총 20회가 제공됩니다.

차 례

10권

매일 2쪽씩 풀며 계산의 신이 되자!

《계산의 신》은 초등학교 1학년부터 6학년 과정까지 총 120단계로 구성되어 있습니다.
매일 2쪽씩 꾸준히 반복 학습을 하면 탄탄한 계산력을 기를 수 있습니다.
더불어 복습할 수 있는 '묶어 풀기'가 있고, 지친 마음을 헤아려 주는
'재미있는 수학이야기'와 '수학퀴즈'가 있습니다.
꿈을담는틀의 《계산의 신》이 준비한 길로 들어오실 준비가 되셨나요?
그 길을 따라 걸으며 문제를 풀고 이야기를 듣다 보면
어느새 계산의 신이 되어 있을 거예요!

★★★★
구성과 일러스트가 인상적!

★★★★★
초등 수학은 이 책이면 끝!

091 단계

분수와 자연수의 곱셈

◆스스로 학습 관리표◆

정확하게 이해하면
속도도 빨라질 수 있어!

- 매일 맞힌 개수를 적고, 걸린 시간만큼 색칠해 보세요.
(눈금 1칸은 1분이며, 초는 표의 상단에 적으세요.)
- 하루하루 지날수록 실력이 자라고, 계산 속도가 빨라지는 것을 눈으로 직접 확인할 수 있습니다.

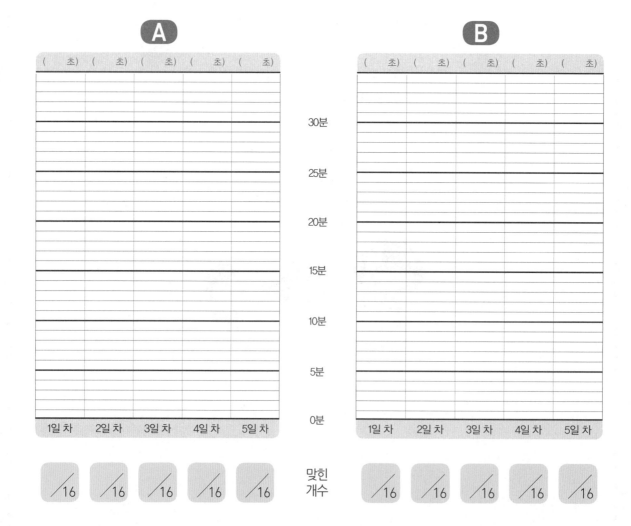

A

(초)	(초)	(초)	(초)	(초)
1일 차	2일 차	3일 차	4일 차	5일 차
/16	/16	/16	/16	/16

30분
25분
20분
15분
10분
5분
0분

맞힌 개수

B

(초)	(초)	(초)	(초)	(초)
1일 차	2일 차	3일 차	4일 차	5일 차
/16	/16	/16	/16	/16

개념 포인트

진분수와 자연수의 곱셈

분모는 그대로 두고, 분자와 자연수를 곱해서 분자에 씁니다.

▶ 진분수의 분모와 자연수를 약분할 수 있으면 약분을 합니다.

▶ 곱이 가분수이면 대분수로 고쳐서 나타냅니다.

(1) 곱할 때 약분하기 : $\frac{3}{4}\times6=\frac{3\times\overset{3}{\cancel{6}}}{\underset{2}{\cancel{4}}}=\frac{9}{2}=4\frac{1}{2}$

(2) 미리 약분하기 : $\frac{3}{\underset{2}{\cancel{4}}}\times\overset{3}{\cancel{6}}=\frac{9}{2}=4\frac{1}{2}$

대분수와 자연수의 곱셈

(1) 대분수를 가분수로 고친 다음, 진분수와 자연수의 곱셈과 같은 방법으로 계산합니다.

$$1\frac{3}{4}\times3=\frac{7}{4}\times3=\frac{7\times3}{4}=\frac{21}{4}=5\frac{1}{4}$$

(2) 자연수와 분수 부분으로 나누어 곱할 수도 있습니다.

▶ 대분수의 자연수와 진분수에 각각 자연수를 곱합니다.

$$1\frac{3}{4}\times3=\left(1+\frac{3}{4}\right)\times3=(1\times3)+\left(\frac{3}{4}\times3\right)$$

▶ 분수 부분과 자연수를 곱한 것이 가분수이면 대분수로 고쳐서 계산합니다.

$$1\frac{3}{4}\times3=\left(1+\frac{3}{4}\right)\times3=(1\times3)+\left(\frac{3}{4}\times3\right)=3+\frac{9}{4}=3+2\frac{1}{4}=5\frac{1}{4}$$

예시

(진분수)×(자연수) $\frac{3}{\underset{2}{\cancel{4}}}\times\overset{3}{\cancel{6}}=\frac{9}{2}=4\frac{1}{2}$

(대분수)×(자연수) $1\frac{3}{4}\times3=\frac{7}{4}\times3=\frac{7\times3}{4}=\frac{21}{4}=5\frac{1}{4}$

약분할 때
실수하지 마!

지도 도우미

분수의 곱셈은 통분 과정이 없기 때문에 분수의 덧셈, 뺄셈보다 아이들이 쉽게 느끼는 단원입니다. 다만, 약분하는 과정을 빠뜨리거나 잘못 약분하는 경우가 종종 있습니다. 약분을 배운 이후에는 분수로 답을 낼 때, 특별히 언급한 경우가 아니면 반드시 기약분수로 답해야 합니다. 주어진 분수 곱셈식을 계산할 때, 곱셈 계산을 하기 전에 미리 약분을 하도록 지도해 주세요.

1일차 A형

분수와 자연수의 곱셈

월 일
분 초
/16

약분이 가능한 경우
미리 해 두면, 계산이
쉬워져!

✎ 다음을 계산하여 기약분수로 나타내세요.

❶ $\frac{3}{4}\times3=$

❷ $\frac{5}{6}\times13=$

❸ $\frac{1}{3}\times9=$

❹ $\frac{5}{14}\times7=$

❺ $\frac{4}{9}\times3=$

❻ $\frac{3}{8}\times16=$

❼ $\frac{5}{12}\times18=$

❽ $\frac{5}{17}\times34=$

❾ $1\frac{3}{4}\times5=$

❿ $2\frac{1}{5}\times10=$

⓫ $3\frac{2}{5}\times2=$

⓬ $1\frac{3}{10}\times4=$

⓭ $3\frac{5}{8}\times12=$

⓮ $4\frac{1}{6}\times3=$

⓯ $3\frac{2}{7}\times7=$

⓰ $8\frac{5}{8}\times4=$

자기 점수에 ○표 하세요

맞힌 개수	8개 이하	9~12개	13~14개	15~16개
학습 방법	개념을 다시 공부하세요.	조금 더 노력하세요.	실수하면 안 돼요.	참 잘했어요.

1일차 B형

분수와 자연수의 곱셈

월 일
분 초
/16

분모가 클수록
미리 약분하기!

정답 2쪽

다음을 계산하여 기약분수로 나타내세요.

❶ $5\times\frac{1}{4}=$

❷ $5\times\frac{2}{15}=$

❸ $21\times\frac{2}{3}=$

❹ $24\times\frac{5}{6}=$

❺ $12\times\frac{4}{9}=$

❻ $8\times\frac{5}{12}=$

❼ $10\times\frac{5}{6}=$

❽ $21\times\frac{5}{14}=$

❾ $4\times2\frac{1}{6}=$

❿ $8\times1\frac{3}{4}=$

⓫ $10\times3\frac{1}{5}=$

⓬ $4\times1\frac{5}{8}=$

⓭ $2\times5\frac{1}{3}=$

⓮ $9\times3\frac{5}{6}=$

⓯ $30\times\frac{7}{36}=$

⓰ $35\times1\frac{5}{28}=$

자기 점수에 ○표 하세요

맞힌 개수	8개 이하	9~12개	13~14개	15~16개
학습 방법	개념을 다시 공부하세요.	조금 더 노력 하세요.	실수하면 안 돼요.	참 잘했어요.

분수와 자연수의 곱셈

월	일
분	초
	/16

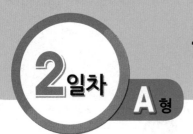

다음을 계산하여 기약분수로 나타내세요.

❶ $\frac{3}{5}\times15=$

❷ $\frac{4}{7}\times8=$

❸ $\frac{2}{5}\times16=$

❹ $\frac{6}{13}\times4=$

❺ $\frac{7}{8}\times20=$

❻ $\frac{6}{7}\times35=$

❼ $\frac{3}{10}\times45=$

❽ $\frac{13}{18}\times20=$

❾ $1\frac{2}{5}\times3=$

❿ $2\frac{3}{4}\times12=$

⓫ $1\frac{3}{7}\times4=$

⓬ $2\frac{2}{15}\times10=$

⓭ $2\frac{3}{8}\times10=$

⓮ $3\frac{1}{6}\times10=$

⓯ $1\frac{5}{8}\times14=$

⓰ $2\frac{2}{3}\times12=$

자기 점수에 ○표 하세요

맞힌 개수	8개 이하	9~12개	13~14개	15~16개
학습 방법	개념을 다시 공부하세요.	조금 더 노력하세요.	실수하면 안 돼요.	참 잘했어요.

2일차 B형

분수와 자연수의 곱셈

월	일
분	초
	/16

정답 3쪽

다음을 계산하여 기약분수로 나타내세요.

❶ $3\times\frac{1}{2}=$

❷ $9\times\frac{5}{6}=$

❸ $6\times\frac{1}{3}=$

❹ $10\times\frac{3}{8}=$

❺ $13\times\frac{34}{39}=$

❻ $12\times\frac{7}{16}=$

❼ $12\times\frac{7}{8}=$

❽ $28\times\frac{10}{21}=$

❾ $6\times1\frac{5}{8}=$

❿ $7\times1\frac{1}{21}=$

⓫ $15\times2\frac{7}{10}=$

⓬ $15\times1\frac{3}{20}=$

⓭ $36\times1\frac{1}{24}=$

⓮ $18\times1\frac{7}{12}=$

⓯ $40\times1\frac{3}{16}=$

⓰ $42\times1\frac{5}{36}=$

자기 점수에 ○표 하세요

맞힌 개수	8개 이하	9~12개	13~14개	15~16개
학습 방법	개념을 다시 공부하세요.	조금 더 노력 하세요.	실수하면 안 돼요.	참 잘했어요.

분수와 자연수의 곱셈

월	일
분	초
	/16

✎ 다음을 계산하여 기약분수로 나타내세요.

❶ $\frac{4}{7}\times21=$

❷ $\frac{3}{8}\times6=$

❸ $\frac{8}{9}\times12=$

❹ $\frac{7}{10}\times15=$

❺ $\frac{5}{11}\times33=$

❻ $\frac{5}{12}\times9=$

❼ $\frac{10}{13}\times2=$

❽ $\frac{3}{14}\times21=$

❾ $1\frac{2}{3}\times9=$

❿ $1\frac{4}{5}\times2=$

⓫ $2\frac{2}{7}\times3=$

⓬ $2\frac{4}{9}\times3=$

⓭ $3\frac{5}{12}\times9=$

⓮ $3\frac{8}{15}\times20=$

⓯ $1\frac{7}{18}\times4=$

⓰ $2\frac{7}{24}\times3=$

자기 점수에 ○표 하세요

맞힌 개수	8개 이하	9~12개	13~14개	15~16개
학습 방법	개념을 다시 공부하세요.	조금 더 노력하세요.	실수하면 안 돼요.	참 잘했어요.

분수와 자연수의 곱셈

월	일
분	초
	/16

정답 4쪽

다음을 계산하여 기약분수로 나타내세요.

❶ $9\times\frac{5}{6}=$

❷ $8\times\frac{7}{12}=$

❸ $24\times\frac{17}{18}=$

❹ $52\times\frac{5}{8}=$

❺ $18\times\frac{4}{27}=$

❻ $36\times\frac{7}{20}=$

❼ $3\times\frac{4}{7}=$

❽ $15\times\frac{9}{10}=$

❾ $10\times1\frac{1}{15}=$

❿ $12\times1\frac{2}{3}=$

⓫ $15\times\frac{13}{20}=$

⓬ $6\times1\frac{3}{8}=$

⓭ $14\times1\frac{2}{7}=$

⓮ $3\times1\frac{5}{27}=$

⓯ $4\times1\frac{13}{20}=$

⓰ $7\times2\frac{11}{21}=$

자기 점수에 ○표 하세요

맞힌 개수	8개 이하	9~12개	13~14개	15~16개
학습 방법	개념을 다시 공부하세요.	조금 더 노력 하세요.	실수하면 안 돼요.	참 잘했어요.

분수와 자연수의 곱셈

월	일
분	초
	/16

다음을 계산하여 기약분수로 나타내세요.

❶ $\frac{5}{6}\times4=$

❷ $\frac{4}{5}\times20=$

❸ $\frac{5}{8}\times12=$

❹ $\frac{4}{15}\times25=$

❺ $\frac{25}{27}\times18=$

❻ $\frac{11}{12}\times18=$

❼ $\frac{20}{39}\times26=$

❽ $\frac{8}{9}\times6=$

❾ $1\frac{1}{6}\times15=$

❿ $2\frac{3}{4}\times6=$

⓫ $3\frac{1}{4}\times10=$

⓬ $1\frac{5}{12}\times18=$

⓭ $1\frac{7}{8}\times10=$

⓮ $2\frac{5}{12}\times8=$

⓯ $3\frac{4}{11}\times2=$

⓰ $2\frac{5}{13}\times3=$

자기 점수에 ○표 하세요

맞힌 개수	8개 이하	9~12개	13~14개	15~16개
학습 방법	개념을 다시 공부하세요.	조금 더 노력하세요.	실수하면 안 돼요.	참 잘했어요.

분수와 자연수의 곱셈

월 일
분 초
/16

정답 5쪽

다음을 계산하여 기약분수로 나타내세요.

① $8\times\frac{5}{12}=$

② $7\times\frac{8}{21}=$

③ $32\times\frac{13}{24}=$

④ $9\times\frac{25}{27}=$

⑤ $6\times\frac{13}{24}=$

⑥ $65\times\frac{20}{39}=$

⑦ $72\times\frac{1}{54}=$

⑧ $36\times\frac{2}{27}=$

⑨ $20\times\frac{11}{75}=$

⑩ $40\times\frac{17}{35}=$

⑪ $90\times\frac{25}{108}=$

⑫ $13\times1\frac{1}{52}=$

⑬ $85\times\frac{5}{102}=$

⑭ $60\times1\frac{1}{44}=$

⑮ $32\times1\frac{7}{96}=$

⑯ $54\times1\frac{7}{90}=$

자기 점수에 ○표 하세요

맞힌 개수	8개 이하	9~12개	13~14개	15~16개
학습 방법	개념을 다시 공부하세요.	조금 더 노력 하세요.	실수하면 안 돼요.	참 잘했어요.

5일차 A형

분수와 자연수의 곱셈

월	일
분	초
	/16

다음을 계산하여 기약분수로 나타내세요.

❶ $\frac{3}{8}\times12=$

❷ $\frac{4}{5}\times20=$

❸ $\frac{1}{6}\times20=$

❹ $\frac{9}{14}\times28=$

❺ $\frac{15}{17}\times3=$

❻ $\frac{35}{38}\times19=$

❼ $\frac{7}{16}\times24=$

❽ $\frac{3}{18}\times8=$

❾ $1\frac{1}{2}\times8=$

❿ $2\frac{2}{9}\times6=$

⓫ $3\frac{4}{7}\times2=$

⓬ $4\frac{5}{9}\times6=$

⓭ $5\frac{7}{10}\times15=$

⓮ $1\frac{4}{21}\times14=$

⓯ $1\frac{7}{27}\times15=$

⓰ $2\frac{13}{30}\times24=$

자기 점수에 ○표 하세요

맞힌 개수	8개 이하	9~12개	13~14개	15~16개
학습 방법	개념을 다시 공부하세요.	조금 더 노력하세요.	실수하면 안 돼요.	참 잘했어요.

분수와 자연수의 곱셈

월	일
분	초
	/16

정답 6쪽

다음을 계산하여 기약분수로 나타내세요.

❶ $8\times\frac{5}{6}=$

❷ $18\times\frac{5}{27}=$

❸ $27\times\frac{5}{18}=$

❹ $24\times\frac{3}{16}=$

❺ $54\times\frac{41}{48}=$

❻ $54\times\frac{25}{27}=$

❼ $32\times\frac{5}{14}=$

❽ $30\times\frac{23}{50}=$

❾ $2\times1\frac{6}{7}=$

❿ $3\times1\frac{3}{4}=$

⓫ $4\times1\frac{5}{16}=$

⓬ $5\times1\frac{13}{20}=$

⓭ $6\times1\frac{19}{30}=$

⓮ $7\times1\frac{3}{28}=$

⓯ $8\times1\frac{13}{36}=$

⓰ $12\times1\frac{11}{30}=$

자기 점수에 ○표 하세요

맞힌 개수	8개 이하	9~12개	13~14개	15~16개
학습 방법	개념을 다시 공부하세요.	조금 더 노력하세요.	실수하면 안 돼요.	참 잘했어요.

092 단계 분수의 곱셈(1)

◆스스로 학습 관리표◆

정확하게 이해하면
속도도 빨라질 수 있어!

- 매일 맞힌 개수를 적고, 걸린 시간만큼 색칠해 보세요. (눈금 1칸은 1분이며, 초는 표의 상단에 적으세요.)
- 하루하루 지날수록 실력이 자라고, 계산 속도가 빨라지는 것을 눈으로 직접 확인할 수 있습니다.

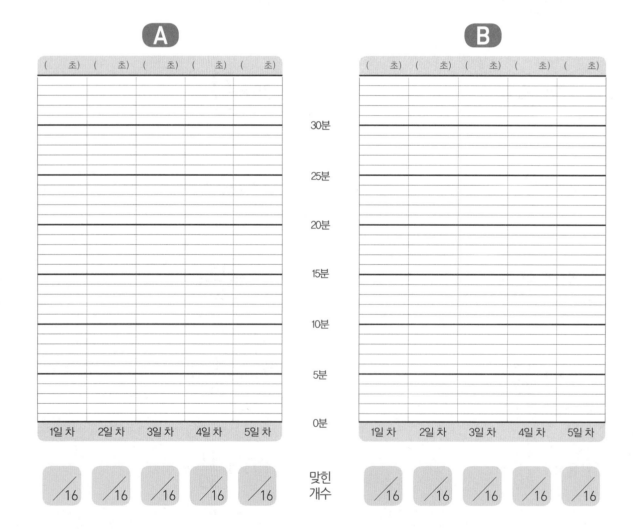

A

(초)	(초)	(초)	(초)	(초)
1일 차	2일 차	3일 차	4일 차	5일 차

B

(초)	(초)	(초)	(초)	(초)
1일 차	2일 차	3일 차	4일 차	5일 차

30분
25분
20분
15분
10분
5분
0분

맞힌 개수

	1일 차	2일 차	3일 차	4일 차	5일 차
A	/16	/16	/16	/16	/16
B	/16	/16	/16	/16	/16

개념 포인트

(단위분수)×(단위분수)

진분수 중에서 분자가 1인 분수를 단위분수라고 부릅니다. 단위분수끼리 곱한 것은 분자는 1이고, 분모끼리 곱한 것이 분모가 됩니다.

$$\frac{1}{2}\times\frac{1}{3}=\frac{1}{2\times3}=\frac{1}{6}$$

(분수)×(분수)

분수끼리의 곱셈은 분자는 분자끼리, 분모는 분모끼리 곱하면 됩니다. 중간에 약분이 되면 약분을 해서 기약분수로 나타냅니다.

$$\frac{\overset{1}{\cancel{2}}}{\underset{1}{\cancel{3}}}\times\frac{\overset{3}{\cancel{9}}}{\underset{5}{\cancel{10}}}=\frac{3}{5}$$

예시

진분수끼리의 곱셈 $\frac{\overset{1}{\cancel{3}}}{8}\times\frac{5}{\underset{2}{\cancel{6}}}=\frac{5}{16}$

가분수끼리의 곱셈 $\frac{\overset{7}{\cancel{14}}}{\underset{3}{\cancel{9}}}\times\frac{\overset{1}{\cancel{3}}}{\underset{1}{\cancel{2}}}=\frac{7}{3}=2\frac{1}{3}$

답은 기약분수로
써야 해.

지도
도우미

분수의 곱셈에서는 약분부터 먼저 해 놓고 곱셈을 하면 다루는 수가 상대적으로 작기 때문에 계산하기도 편하고, 실수할 위험도 적습니다. 뿐만 아니라 미리 약분을 했기 때문에 최종 답을 기약분수로 내기도 쉽습니다. 정확하게 약분하는 법을 익히면 분수의 곱셈을 쉽게 할 수 있습니다.

1일차 A형

분수의 곱셈(1)

월	일
분	초
	/16

약분부터
먼저 해.

✎ 다음을 계산하여 기약분수로 나타내세요.

❶ $\frac{1}{3}\times\frac{1}{7}=$

❷ $\frac{2}{7}\times\frac{4}{9}=$

❸ $\frac{5}{7}\times\frac{3}{4}=$

❹ $\frac{6}{7}\times\frac{3}{8}=$

❺ $\frac{2}{3}\times\frac{5}{12}=$

❻ $\frac{4}{5}\times\frac{1}{2}=$

❼ $\frac{5}{7}\times\frac{4}{5}=$

❽ $\frac{5}{12}\times\frac{8}{15}=$

❾ $\frac{9}{20}\times\frac{5}{6}=$

❿ $\frac{2}{9}\times\frac{5}{14}=$

⓫ $\frac{4}{7}\times\frac{5}{6}=$

⓬ $\frac{5}{6}\times\frac{8}{9}=$

⓭ $\frac{4}{35}\times\frac{15}{22}=$

⓮ $\frac{5}{6}\times\frac{3}{20}=$

⓯ $\frac{8}{27}\times\frac{9}{32}=$

⓰ $\frac{16}{63}\times\frac{14}{27}=$

자기 점수에 ○표 하세요

맞힌 개수	8개 이하	9~12개	13~14개	15~16개
학습 방법	개념을 다시 공부하세요.	조금 더 노력하세요.	실수하면 안 돼요.	참 잘했어요.

1일차 B형

분수의 곱셈(1)

월	일
분	초
	/16

1번 답을 쓸 때,
가분수는 대분수로!

정답 7쪽

다음을 계산하여 기약분수로 나타내세요.

❶ $\frac{8}{5}\times\frac{9}{7}=$

❷ $\frac{5}{4}\times\frac{6}{5}=$

❸ $\frac{9}{8}\times\frac{5}{6}=$

❹ $\frac{4}{3}\times\frac{5}{2}=$

❺ $\frac{5}{2}\times\frac{8}{3}=$

❻ $\frac{7}{4}\times\frac{9}{2}=$

❼ $\frac{7}{5}\times\frac{5}{4}=$

❽ $\frac{11}{8}\times\frac{16}{7}=$

❾ $\frac{21}{10}\times\frac{15}{9}=$

❿ $\frac{21}{9}\times\frac{15}{14}=$

⓫ $\frac{17}{4}\times\frac{6}{5}=$

⓬ $\frac{11}{6}\times\frac{9}{2}=$

⓭ $\frac{33}{13}\times\frac{26}{11}=$

⓮ $\frac{25}{8}\times\frac{3}{20}=$

⓯ $\frac{28}{13}\times\frac{9}{4}=$

⓰ $\frac{63}{8}\times\frac{24}{35}=$

자기 점수에 ○표 하세요

맞힌 개수	8개 이하	9~12개	13~14개	15~16개
학습 방법	개념을 다시 공부하세요.	조금 더 노력하세요.	실수하면 안 돼요.	참 잘했어요.

2일차 A형

분수의 곱셈(1)

월 일
분 초
/16

✎ 다음을 계산하여 기약분수로 나타내세요.

❶ $\frac{1}{4}\times\frac{1}{2}=$

❷ $\frac{2}{3}\times\frac{4}{5}=$

❸ $\frac{2}{5}\times\frac{2}{3}=$

❹ $\frac{5}{6}\times\frac{3}{7}=$

❺ $\frac{3}{7}\times\frac{3}{8}=$

❻ $\frac{2}{7}\times\frac{5}{8}=$

❼ $\frac{3}{8}\times\frac{4}{9}=$

❽ $\frac{5}{8}\times\frac{7}{10}=$

❾ $\frac{5}{9}\times\frac{5}{12}=$

❿ $\frac{2}{9}\times\frac{5}{12}=$

⓫ $\frac{10}{11}\times\frac{4}{15}=$

⓬ $\frac{7}{11}\times\frac{3}{14}=$

⓭ $\frac{6}{13}\times\frac{2}{15}=$

⓮ $\frac{7}{13}\times\frac{5}{14}=$

⓯ $\frac{8}{15}\times\frac{5}{12}=$

⓰ $\frac{7}{15}\times\frac{9}{14}=$

자기 점수에 ○표 하세요

맞힌 개수	8개 이하	9~12개	13~14개	15~16개
학습 방법	개념을 다시 공부하세요.	조금 더 노력하세요.	실수하면 안 돼요.	참 잘했어요.

분수의 곱셈(1)

월	일
분	초
	/16

정답 8쪽

다음을 계산하여 기약분수로 나타내세요.

❶ $\frac{3}{2}\times\frac{5}{4}=$

❷ $\frac{7}{4}\times\frac{8}{3}=$

❸ $\frac{6}{5}\times\frac{9}{8}=$

❹ $\frac{9}{2}\times\frac{7}{6}=$

❺ $\frac{8}{3}\times\frac{6}{5}=$

❻ $\frac{9}{4}\times\frac{8}{7}=$

❼ $\frac{8}{5}\times\frac{11}{10}=$

❽ $\frac{9}{8}\times\frac{12}{7}=$

❾ $\frac{21}{10}\times\frac{7}{6}=$

❿ $\frac{16}{9}\times\frac{13}{10}=$

⓫ $\frac{13}{4}\times\frac{8}{7}=$

⓬ $\frac{15}{8}\times\frac{4}{3}=$

⓭ $\frac{11}{6}\times\frac{40}{33}=$

⓮ $\frac{17}{8}\times\frac{35}{34}=$

⓯ $\frac{25}{12}\times\frac{9}{5}=$

⓰ $\frac{9}{4}\times\frac{32}{27}=$

자기 점수에 ○표 하세요

맞힌 개수	8개 이하	9~12개	13~14개	15~16개
학습 방법	개념을 다시 공부하세요.	조금 더 노력하세요.	실수하면 안 돼요.	참 잘했어요.

3일차 A형 분수의 곱셈(1)

월 일
분 초
/16

✎ 다음을 계산하여 기약분수로 나타내세요.

❶ $\frac{1}{2}\times\frac{2}{9}=$

❷ $\frac{1}{2}\times\frac{1}{7}=$

❸ $\frac{2}{3}\times\frac{5}{8}=$

❹ $\frac{2}{3}\times\frac{7}{10}=$

❺ $\frac{3}{4}\times\frac{4}{7}=$

❻ $\frac{3}{4}\times\frac{5}{8}=$

❼ $\frac{3}{7}\times\frac{5}{6}=$

❽ $\frac{3}{7}\times\frac{7}{12}=$

❾ $\frac{3}{8}\times\frac{5}{12}=$

❿ $\frac{5}{8}\times\frac{4}{15}=$

⓫ $\frac{5}{9}\times\frac{13}{20}=$

⓬ $\frac{7}{10}\times\frac{4}{21}=$

⓭ $\frac{3}{10}\times\frac{11}{24}=$

⓮ $\frac{8}{35}\times\frac{7}{20}=$

⓯ $\frac{9}{35}\times\frac{5}{21}=$

⓰ $\frac{21}{40}\times\frac{25}{28}=$

자기 점수에 ○표 하세요

맞힌 개수	8개 이하	9~12개	13~14개	15~16개
학습 방법	개념을 다시 공부하세요.	조금 더 노력하세요.	실수하면 안 돼요.	참 잘했어요.

분수의 곱셈 (1)

월 일
분 초
/16

정답 9쪽

다음을 계산하여 기약분수로 나타내세요.

❶ $\frac{7}{4}\times\frac{9}{5}=$

❷ $\frac{8}{7}\times\frac{9}{4}=$

❸ $\frac{15}{8}\times\frac{6}{5}=$

❹ $\frac{7}{4}\times\frac{6}{5}=$

❺ $\frac{5}{3}\times\frac{21}{15}=$

❻ $\frac{9}{4}\times\frac{7}{2}=$

❼ $\frac{11}{5}\times\frac{25}{16}=$

❽ $\frac{11}{4}\times\frac{13}{11}=$

❾ $\frac{13}{9}\times\frac{27}{26}=$

❿ $\frac{15}{8}\times\frac{22}{21}=$

⓫ $\frac{13}{4}\times\frac{7}{6}=$

⓬ $\frac{7}{6}\times\frac{30}{28}=$

⓭ $\frac{24}{13}\times\frac{17}{15}=$

⓮ $\frac{15}{7}\times\frac{49}{45}=$

⓯ $\frac{20}{19}\times\frac{38}{35}=$

⓰ $\frac{18}{17}\times\frac{34}{15}=$

자기 점수에 ○표 하세요

맞힌 개수	8개 이하	9~12개	13~14개	15~16개
학습 방법	개념을 다시 공부하세요.	조금 더 노력 하세요.	실수하면 안 돼요.	참 잘했어요.

분수의 곱셈(1)

월 일
분 초
/16

✎ 다음을 계산하여 기약분수로 나타내세요.

① $\frac{1}{5}\times\frac{1}{12}=$

② $\frac{1}{4}\times\frac{1}{25}=$

③ $\frac{1}{8}\times\frac{1}{125}=$

④ $\frac{3}{8}\times\frac{2}{3}=$

⑤ $\frac{2}{3}\times\frac{3}{20}=$

⑥ $\frac{3}{5}\times\frac{5}{12}=$

⑦ $\frac{4}{5}\times\frac{7}{16}=$

⑧ $\frac{5}{8}\times\frac{7}{20}=$

⑨ $\frac{5}{16}\times\frac{3}{10}=$

⑩ $\frac{7}{32}\times\frac{5}{14}=$

⑪ $\frac{8}{25}\times\frac{10}{16}=$

⑫ $\frac{7}{15}\times\frac{4}{21}=$

⑬ $\frac{8}{9}\times\frac{3}{16}=$

⑭ $\frac{4}{7}\times\frac{3}{20}=$

⑮ $\frac{8}{15}\times\frac{5}{22}=$

⑯ $\frac{27}{50}\times\frac{8}{9}=$

자기 점수에 ○표 하세요

맞힌 개수	8개 이하	9~12개	13~14개	15~16개
학습 방법	개념을 다시 공부하세요.	조금 더 노력하세요.	실수하면 안 돼요.	참 잘했어요.

4일차 B형

분수의 곱셈(1)

월 일
분 초
/16

정답 10쪽

다음을 계산하여 기약분수로 나타내세요.

❶ $\frac{5}{3}\times\frac{12}{7}=$

❷ $\frac{7}{4}\times\frac{15}{14}=$

❸ $\frac{8}{7}\times\frac{11}{10}=$

❹ $\frac{7}{3}\times\frac{15}{14}=$

❺ $\frac{9}{4}\times\frac{16}{3}=$

❻ $\frac{7}{3}\times\frac{9}{2}=$

❼ $\frac{11}{8}\times\frac{34}{33}=$

❽ $\frac{11}{9}\times\frac{27}{22}=$

❾ $\frac{27}{14}\times\frac{21}{9}=$

❿ $\frac{21}{15}\times\frac{27}{14}=$

⓫ $\frac{19}{4}\times\frac{40}{38}=$

⓬ $\frac{25}{13}\times\frac{23}{15}=$

⓭ $\frac{9}{4}\times\frac{13}{12}=$

⓮ $\frac{17}{8}\times\frac{10}{19}=$

⓯ $\frac{25}{13}\times\frac{13}{10}=$

⓰ $\frac{45}{8}\times\frac{16}{15}=$

자기 점수에 ○표 하세요

맞힌 개수	8개 이하	9~12개	13~14개	15~16개
학습 방법	개념을 다시 공부하세요.	조금 더 노력하세요.	실수하면 안 돼요.	참 잘했어요.

5일차 A형

분수의 곱셈(1)

월	일
분	초
	/16

다음을 계산하여 기약분수로 나타내세요.

① $\frac{1}{3}\times\frac{9}{10}=$

② $\frac{1}{3}\times\frac{8}{15}=$

③ $\frac{1}{4}\times\frac{8}{9}=$

④ $\frac{1}{5}\times\frac{20}{27}=$

⑤ $\frac{3}{5}\times\frac{15}{18}=$

⑥ $\frac{2}{5}\times\frac{3}{20}=$

⑦ $\frac{5}{6}\times\frac{12}{25}=$

⑧ $\frac{7}{12}\times\frac{21}{28}=$

⑨ $\frac{7}{18}\times\frac{9}{28}=$

⑩ $\frac{13}{20}\times\frac{25}{39}=$

⑪ $\frac{16}{21}\times\frac{3}{28}=$

⑫ $\frac{17}{24}\times\frac{30}{34}=$

⑬ $\frac{12}{35}\times\frac{13}{40}=$

⑭ $\frac{13}{36}\times\frac{24}{39}=$

⑮ $\frac{11}{36}\times\frac{27}{44}=$

⑯ $\frac{8}{45}\times\frac{15}{32}=$

자기 점수에 ○표 하세요

맞힌 개수	8개 이하	9~12개	13~14개	15~16개
학습 방법	개념을 다시 공부하세요.	조금 더 노력하세요.	실수하면 안 돼요.	참 잘했어요.

분수의 곱셈(1)

월 일
분 초
/16

정답 11쪽

다음을 계산하여 기약분수로 나타내세요.

❶ $\frac{5}{4}\times\frac{10}{9}=$

❷ $\frac{10}{7}\times\frac{7}{4}=$

❸ $\frac{13}{7}\times\frac{14}{5}=$

❹ $\frac{5}{3}\times\frac{9}{4}=$

❺ $\frac{10}{3}\times\frac{16}{15}=$

❻ $\frac{8}{7}\times\frac{5}{4}=$

❼ $\frac{9}{8}\times\frac{22}{21}=$

❽ $\frac{33}{14}\times\frac{21}{6}=$

❾ $\frac{7}{3}\times\frac{27}{21}=$

❿ $\frac{13}{9}\times\frac{45}{39}=$

⓫ $\frac{20}{17}\times\frac{34}{25}=$

⓬ $\frac{13}{6}\times\frac{40}{39}=$

⓭ $\frac{65}{64}\times\frac{16}{13}=$

⓮ $\frac{28}{27}\times\frac{15}{14}=$

⓯ $\frac{16}{15}\times\frac{13}{12}=$

⓰ $\frac{18}{17}\times\frac{25}{24}=$

자기 점수에 ○표 하세요

맞힌 개수	8개 이하	9~12개	13~14개	15~16개
학습 방법	개념을 다시 공부하세요.	조금 더 노력하세요.	실수하면 안 돼요.	참 잘했어요.

093 단계 분수의 곱셈(2)

◆스스로 학습 관리표◆

정확하게 이해하면
속도도 빨라질 수 있어!

- 매일 맞힌 개수를 적고, 걸린 시간만큼 색칠해 보세요.
(눈금 1칸은 1분이며, 초는 표의 상단에 적으세요.)
- 하루하루 지날수록 실력이 자라고, 계산 속도가 빨라지는 것을 눈으로 직접 확인할 수 있습니다.

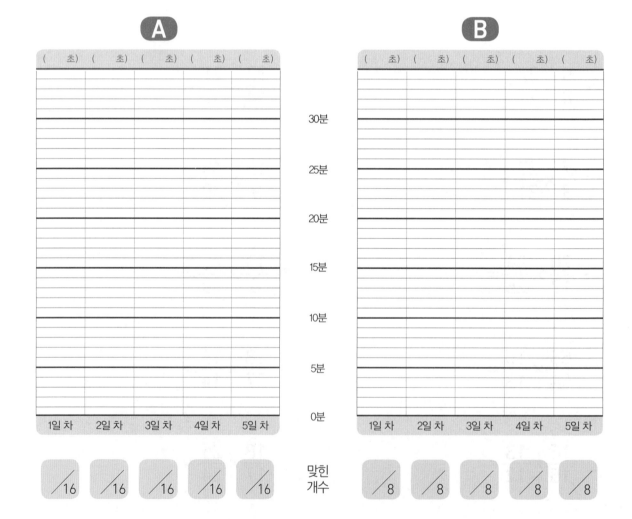

A

(초)	(초)	(초)	(초)	(초)
1일 차	2일 차	3일 차	4일 차	5일 차
/16	/16	/16	/16	/16

B

(초)	(초)	(초)	(초)	(초)
1일 차	2일 차	3일 차	4일 차	5일 차
/8	/8	/8	/8	/8

30분
25분
20분
15분
10분
5분
0분

맞힌 개수

◆개념 포인트◆

대분수끼리의 곱셈

분수의 곱셈은 분모는 분모끼리, 분자는 분자끼리 곱합니다.
대분수를 곱할 때는 가분수로 고친 다음 분모끼리, 분자끼리 곱합니다. 곱할 때, 약분할 수 있는 수는 먼저 약분하여 기약분수로 고치고, 곱한 결과가 가분수면 대분수로 고칩니다.

$$1\frac{4}{5}\times2\frac{2}{5}=\frac{9}{5}\times\frac{12}{5}=\frac{108}{25}=4\frac{8}{25}$$

가분수를 대분수로

세 분수의 곱셈

세 분수의 곱셈 역시 분모는 분모끼리, 분자는 분자끼리 곱합니다.
곱하는 수 가운데에 자연수가 있으면 분자와 곱하고, 대분수는 가분수로 고쳐 곱합니다.
곱하는 계산을 직접 하기 전에 약분할 수 있으면 미리 약분하여, 계산 결과가 기약분수가 될 수 있도록 합니다.

$$\frac{\overset{1}{\cancel{3}}}{4}\times\frac{1}{2}\times\frac{7}{\underset{3}{\cancel{9}}}=\frac{7}{24}$$

예시

대분수끼리의 곱셈 $3\frac{1}{5}\times1\frac{1}{4}=\frac{\overset{4}{\cancel{16}}}{\underset{1}{\cancel{5}}}\times\frac{\overset{1}{\cancel{5}}}{\underset{1}{\cancel{4}}}=4$

세 분수의 곱셈 $\frac{2}{3}\times1\frac{2}{7}\times\frac{3}{4}=\frac{\overset{1}{\cancel{2}}}{\underset{1}{\cancel{3}}}\times\frac{\overset{3}{\cancel{9}}}{7}\times\frac{3}{\underset{2}{\cancel{4}}}=\frac{9}{14}$

답은 기약분수로
써야 해.

지도
도우미

분수의 곱셈에서 약분을 강조하다 보니 아이들이 대분수의 곱셈을 할 때, 대분수를 가분수로 고친 다음 약분을 하는 게 아니라 눈에 보이는 대분수의 분모를 약분하는 경우가 종종 있습니다. 이렇게 하면 계산 결과가 틀리게 됩니다. 약분은 대분수를 가분수로 고친 다음에 할 수 있도록 지도해 주세요.

1일차 A형 분수의 곱셈(2)

월	일
분	초
	/16

2번 문제는 미리 약분하면
아주 간단한 계산이 돼!

다음을 계산하여 기약분수로 나타내세요.

❶ $1\frac{2}{3}\times1\frac{2}{7}=$

❷ $1\frac{2}{7}\times3\frac{1}{9}=$

❸ $1\frac{1}{6}\times1\frac{1}{2}=$

❹ $1\frac{2}{5}\times1\frac{1}{14}=$

❺ $5\frac{1}{2}\times2\frac{2}{3}=$

❻ $1\frac{1}{5}\times3\frac{1}{3}=$

❼ $1\frac{3}{4}\times2\frac{4}{11}=$

❽ $3\frac{1}{3}\times4\frac{13}{14}=$

❾ $1\frac{5}{7}\times2\frac{2}{5}=$

❿ $3\frac{1}{4}\times1\frac{9}{10}=$

⓫ $4\frac{3}{8}\times3\frac{4}{5}=$

⓬ $3\frac{9}{10}\times2\frac{1}{4}=$

⓭ $2\frac{1}{3}\times3\frac{3}{11}=$

⓮ $2\frac{1}{4}\times3\frac{1}{9}=$

⓯ $2\frac{9}{14}\times1\frac{2}{3}=$

⓰ $4\frac{1}{6}\times4\frac{3}{10}=$

자기 점수에 ○표 하세요

맞힌 개수	8개 이하	9~12개	13~14개	15~16개
학습 방법	개념을 다시 공부하세요.	조금 더 노력하세요.	실수하면 안 돼요.	참 잘했어요.

분수의 곱셈(2)

월 일
분 초
/8

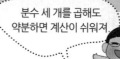

분수 세 개를 곱해도
약분하면 계산이 쉬워져.

정답 12쪽

✎ 다음을 계산하여 기약분수로 나타내세요.

❶ $\frac{1}{3}\times\frac{3}{4}\times\frac{1}{2}=$

❷ $\frac{2}{5}\times\frac{1}{4}\times\frac{3}{5}=$

❸ $\frac{5}{7}\times1\frac{2}{5}\times\frac{3}{5}=$

❹ $5\times\frac{9}{2}\times\frac{4}{3}=$

❺ $\frac{5}{22}\times\frac{3}{8}\times1\frac{5}{6}=$

❻ $\frac{1}{4}\times\frac{3}{8}\times5=$

❼ $2\frac{4}{5}\times3\frac{2}{3}\times\frac{5}{7}=$

❽ $\frac{2}{9}\times6\times1\frac{2}{3}=$

자기 점수에 ○표 하세요

맞힌 개수	4개 이하	5~6개	7개	8개
학습 방법	개념을 다시 공부하세요.	조금 더 노력 하세요.	실수하면 안 돼요.	참 잘했어요.

2일차 A형

분수의 곱셈(2)

월	일
분	초
	/16

✎ 다음을 계산하여 기약분수로 나타내세요.

❶ $1\frac{1}{3}\times1\frac{1}{8}=$

❷ $1\frac{1}{7}\times2\frac{5}{8}=$

❸ $1\frac{5}{6}\times2\frac{2}{3}=$

❹ $1\frac{2}{5}\times1\frac{4}{21}=$

❺ $6\frac{1}{2}\times1\frac{3}{13}=$

❻ $1\frac{3}{5}\times1\frac{3}{4}=$

❼ $2\frac{1}{4}\times2\frac{1}{12}=$

❽ $3\frac{1}{3}\times1\frac{1}{15}=$

❾ $1\frac{3}{5}\times1\frac{2}{7}=$

❿ $1\frac{1}{19}\times1\frac{3}{35}=$

⓫ $4\frac{1}{4}\times1\frac{1}{5}=$

⓬ $3\frac{1}{8}\times1\frac{3}{20}=$

⓭ $1\frac{5}{6}\times4\frac{1}{2}=$

⓮ $1\frac{3}{4}\times2\frac{2}{3}=$

⓯ $2\frac{2}{3}\times1\frac{1}{5}=$

⓰ $2\frac{1}{3}\times4\frac{1}{2}=$

자기 점수에 ○표 하세요

맞힌 개수	8개 이하	9~12개	13~14개	15~16개
학습 방법	개념을 다시 공부하세요.	조금 더 노력하세요.	실수하면 안 돼요.	참 잘했어요.

분수의 곱셈 (2)

월 일
분 초
/8

정답 13쪽

다음을 계산하여 기약분수로 나타내세요.

❶ $\frac{5}{8}\times\frac{2}{3}\times\frac{3}{5}=$

❷ $\frac{3}{7}\times\frac{5}{8}\times\frac{14}{15}=$

❸ $1\frac{2}{7}\times1\frac{1}{12}\times\frac{21}{26}=$

❹ $6\times2\frac{2}{3}\times1\frac{3}{4}=$

❺ $\frac{5}{12}\times16\times\frac{3}{8}=$

❻ $1\frac{2}{3}\times\frac{6}{7}\times2=$

❼ $1\frac{1}{8}\times\frac{4}{15}\times2\frac{1}{2}=$

❽ $\frac{1}{3}\times4\times1\frac{1}{5}=$

자기 점수에 ○표 하세요

맞힌 개수	4개 이하	5~6개	7개	8개
학습 방법	개념을 다시 공부하세요.	조금 더 노력 하세요.	실수하면 안 돼요.	참 잘했어요.

3일차 A형

분수의 곱셈 (2)

월	일
분	초
	/16

다음을 계산하여 기약분수로 나타내세요.

❶ $2\frac{1}{10}\times1\frac{1}{6}=$

❷ $2\frac{1}{4}\times5\frac{1}{3}=$

❸ $1\frac{1}{7}\times1\frac{1}{10}=$

❹ $1\frac{3}{8}\times1\frac{1}{33}=$

❺ $2\frac{1}{3}\times1\frac{2}{7}=$

❻ $1\frac{1}{7}\times1\frac{1}{4}=$

❼ $1\frac{1}{64}\times1\frac{3}{13}=$

❽ $1\frac{1}{15}\times1\frac{1}{12}=$

❾ $3\frac{1}{4}\times1\frac{1}{6}=$

❿ $2\frac{1}{4}\times3\frac{1}{2}=$

⓫ $1\frac{1}{17}\times2\frac{4}{15}=$

⓬ $1\frac{3}{4}\times1\frac{4}{5}=$

⓭ $1\frac{5}{13}\times2\frac{1}{4}=$

⓮ $1\frac{5}{7}\times3\frac{1}{9}=$

⓯ $2\frac{1}{4}\times1\frac{1}{6}=$

⓰ $1\frac{1}{2}\times1\frac{1}{4}=$

자기 점수에 ○표 하세요

맞힌 개수	8개 이하	9~12개	13~14개	15~16개
학습 방법	개념을 다시 공부하세요.	조금 더 노력하세요.	실수하면 안 돼요.	참 잘했어요.

분수의 곱셈 (2)

월	일
분	초
	/8

정답 14쪽

다음을 계산하여 기약분수로 나타내세요.

❶ $\frac{2}{5}\times\frac{3}{4}\times\frac{5}{6}=$

❷ $\frac{1}{8}\times\frac{7}{12}\times\frac{4}{7}=$

❸ $\frac{5}{9}\times\frac{6}{15}\times1\frac{1}{2}=$

❹ $7\times\frac{5}{14}\times\frac{3}{10}=$

❺ $1\frac{2}{13}\times\frac{7}{10}\times\frac{13}{14}=$

❻ $\frac{7}{12}\times\frac{8}{13}\times\frac{3}{14}=$

❼ $2\frac{1}{8}\times3\frac{1}{3}\times\frac{10}{17}=$

❽ $3\frac{2}{3}\times2\frac{2}{5}\times\frac{9}{14}=$

자기 점수에 ○표 하세요

맞힌 개수	4개 이하	5~6개	7개	8개
학습 방법	개념을 다시 공부하세요.	조금 더 노력하세요.	실수하면 안 돼요.	참 잘했어요.

분수의 곱셈 (2)

월	일
분	초
	/16

✎ 다음을 계산하여 기약분수로 나타내세요.

❶ $1\frac{1}{2}\times1\frac{1}{6}=$

❷ $1\frac{1}{2}\times1\frac{3}{4}=$

❸ $1\frac{1}{6}\times2\frac{1}{3}=$

❹ $1\frac{5}{13}\times2\frac{1}{4}=$

❺ $3\frac{1}{2}\times1\frac{1}{6}=$

❻ $1\frac{1}{7}\times3\frac{1}{2}=$

❼ $1\frac{11}{16}\times2\frac{2}{3}=$

❽ $1\frac{7}{8}\times2\frac{2}{5}=$

❾ $2\frac{3}{4}\times2\frac{2}{3}=$

❿ $4\frac{9}{10}\times1\frac{11}{14}=$

⓫ $4\frac{4}{9}\times1\frac{1}{20}=$

⓬ $1\frac{1}{9}\times4\frac{4}{5}=$

⓭ $2\frac{1}{7}\times1\frac{2}{5}=$

⓮ $4\frac{1}{12}\times2\frac{2}{21}=$

⓯ $2\frac{2}{13}\times2\frac{1}{4}=$

⓰ $1\frac{7}{8}\times2\frac{2}{3}=$

자기 점수에 ○표 하세요

맞힌 개수	8개 이하	9~12개	13~14개	15~16개
학습 방법	개념을 다시 공부하세요.	조금 더 노력하세요.	실수하면 안 돼요.	참 잘했어요.

분수의 곱셈 (2)

월	일
분	초
	/8

정답 15쪽

✎ 다음을 계산하여 기약분수로 나타내세요.

❶ $\frac{1}{2}\times\frac{1}{3}\times\frac{1}{4}=$

❷ $\frac{3}{8}\times\frac{6}{15}\times\frac{2}{7}=$

❸ $1\frac{5}{6}\times2\frac{1}{4}\times10=$

❹ $8\times1\frac{1}{6}\times\frac{4}{21}=$

❺ $\frac{5}{8}\times\frac{4}{9}\times2\frac{1}{10}=$

❻ $\frac{1}{4}\times\frac{2}{9}\times2\frac{4}{5}=$

❼ $\frac{4}{9}\times12\times1\frac{2}{3}=$

❽ $\frac{20}{33}\times2\frac{1}{5}\times\frac{3}{8}=$

자기 점수에 ○표 하세요

맞힌 개수	4개 이하	5~6개	7개	8개
학습 방법	개념을 다시 공부하세요.	조금 더 노력 하세요.	실수하면 안 돼요.	참 잘했어요.

5일차 A형

분수의 곱셈(2)

월	일
분	초
	/16

✎ 다음을 계산하여 기약분수로 나타내세요.

❶ $2\frac{1}{3}\times1\frac{1}{14}=$

❷ $1\frac{1}{7}\times2\frac{1}{4}=$

❸ $2\frac{1}{7}\times1\frac{4}{45}=$

❹ $1\frac{1}{9}\times1\frac{1}{20}=$

❺ $2\frac{1}{3}\times1\frac{2}{7}=$

❻ $4\frac{1}{12}\times2\frac{2}{21}=$

❼ $6\frac{1}{4}\times1\frac{3}{5}=$

❽ $2\frac{3}{4}\times1\frac{2}{11}=$

❾ $2\frac{1}{5}\times1\frac{9}{16}=$

❿ $1\frac{6}{7}\times2\frac{4}{5}=$

⓫ $1\frac{1}{7}\times1\frac{1}{4}=$

⓬ $1\frac{1}{8}\times6\frac{2}{3}=$

⓭ $1\frac{1}{35}\times5\frac{1}{4}=$

⓮ $2\frac{1}{6}\times1\frac{1}{39}=$

⓯ $1\frac{5}{6}\times1\frac{1}{4}=$

⓰ $4\frac{1}{6}\times1\frac{1}{15}=$

자기 점수에 ○표 하세요

맞힌 개수	8개 이하	9~12개	13~14개	15~16개
학습 방법	개념을 다시 공부하세요.	조금 더 노력하세요.	실수하면 안 돼요.	참 잘했어요.

분수의 곱셈(2)

월	일
분	초
	/8

정답 16쪽

다음을 계산하여 기약분수로 나타내세요.

❶ $\frac{4}{5}\times\frac{5}{9}\times\frac{1}{3}=$

❷ $\frac{2}{3}\times\frac{11}{12}\times\frac{1}{15}=$

❸ $3\times\frac{1}{4}\times2\frac{1}{6}=$

❹ $4\frac{4}{5}\times1\frac{1}{6}\times2\frac{1}{3}=$

❺ $\frac{5}{13}\times\frac{1}{3}\times\frac{7}{10}=$

❻ $\frac{1}{5}\times1\frac{1}{12}\times4\frac{2}{3}=$

❼ $\frac{4}{5}\times4\frac{1}{6}\times2\frac{7}{9}=$

❽ $3\frac{1}{2}\times2\frac{11}{13}\times2=$

자기 점수에 ○표 하세요

맞힌 개수	4개 이하	5~6개	7개	8개
학습 방법	개념을 다시 공부하세요.	조금 더 노력하세요.	실수하면 안 돼요.	참 잘했어요.

세 단계 묶어 풀기 091~093단계
분수와 자연수의 곱셈 · 분수의 곱셈

월 일
분 초
/18

정답 17쪽

다음을 계산하여 기약분수로 나타내세요.

❶ $\frac{3}{10}\times45=$

❷ $14\times1\frac{2}{7}=$

❸ $\frac{9}{10}\times\frac{8}{21}=$

❹ $\frac{64}{27}\times\frac{21}{8}=$

❺ $\frac{27}{20}\times\frac{5}{6}=$

❻ $1\frac{5}{8}\times6=$

❼ $1\frac{1}{10}\times\frac{25}{33}=$

❽ $2\frac{1}{7}\times1\frac{3}{18}=$

❾ $\frac{21}{10}\times\frac{15}{9}=$

❿ $\frac{21}{9}\times\frac{15}{14}=$

⓫ $\frac{17}{4}\times\frac{6}{5}=$

⓬ $\frac{11}{6}\times\frac{9}{2}=$

⓭ $3\frac{3}{4}\times3\frac{1}{9}=$

⓮ $\frac{25}{8}\times\frac{3}{20}=$

⓯ $\frac{1}{9}\times\frac{3}{4}\times\frac{6}{7}=$

⓰ $\frac{1}{4}\times\frac{6}{7}\times\frac{2}{11}=$

⓱ $2\frac{1}{3}\times\frac{4}{7}\times6=$

⓲ $1\frac{7}{15}\times1\frac{1}{3}\times\frac{6}{11}=$

창의력 쑥쑥! 수학 퀴즈

곰곰이
생각해 봐!

**아래에는 다섯 개의 분수 곱셈식이 있습니다.
1에서 10까지의 자연수 중에서 □ 안에
들어갈 알맞은 수를 찾아 주세요.
□ 안에 들어갈 수 있는 수는 딱 하나가 아니에요.
모두 찾아 주세요.**

(1) $\frac{1}{\square} \times 2 = \frac{\square}{3}$

(2) $\square \times \frac{\square}{7} = \frac{6}{7}$

(3) $9 \times \frac{\square}{5} = \frac{36}{\square}$

(4) $\frac{5}{2} \times \frac{\square}{\square} = \frac{20}{9}$

(5) $\frac{\square}{6} \times \frac{\square}{5} = \frac{7}{3}$

답 10권에서 분수의 곱셈을 잘 배웠다면 쉽게 답을 찾을 수 있겠지요?

(1) 왼쪽에서부터 3, 2 또는 6, 1

(2) 왼쪽에서부터 1, 6 또는 6, 1 또는 2, 3 또는 3, 2

(3) 왼쪽에서부터 4, 5

(4) 위, 아래 순서로 8, 9

(5) 왼쪽에서부터 7, 10 또는 10, 7

094 단계 분수와 소수의 관계

◆스스로 학습 관리표◆

정확하게 이해하면
속도도 빨라질 수 있어!

- 매일 맞힌 개수를 적고, 걸린 시간만큼 색칠해 보세요. (눈금 1칸은 1분이며, 초는 표의 상단에 적으세요.)
- 하루하루 지날수록 실력이 자라고, 계산 속도가 빨라지는 것을 눈으로 직접 확인할 수 있습니다.

A

(초)	(초)	(초)	(초)	(초)
1일 차	2일 차	3일 차	4일 차	5일 차

B

(초)	(초)	(초)	(초)	(초)
1일 차	2일 차	3일 차	4일 차	5일 차

30분 25분 20분 15분 10분 5분 0분

	A 1일 차	A 2일 차	A 3일 차	A 4일 차	A 5일 차	B 1일 차	B 2일 차	B 3일 차	B 4일 차	B 5일 차
맞힌 개수	/16	/16	/16	/16	/16	/16	/16	/16	/16	/16

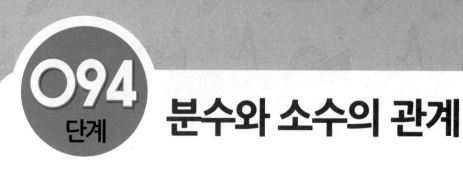

◆개념 포인트◆

분수를 소수로 나타내기

(1) 분수의 분모가 10, 100, 1000 등이 되도록 분모, 분자에 같은 수를 곱합니다.

- ▶ 분모가 10인 분수로 나타낼 수 있는 분수 : 분모가 2나 5
- ▶ 분모가 100인 분수로 나타낼 수 있는 분수 : 분모가 4, 20, 25, 50
- ▶ 분모가 1000인 분수로 나타낼 수 있는 분수 : 분모가 8, 40, 125, 200, 250, 500

(2) 분모가 10인 분수는 소수 한 자리 수, 100인 분수는 소수 두 자리 수, 1000인 분수는 소수 세 자리 수로 나타냅니다.

$\frac{1}{5}=\frac{1\times2}{5\times2}=\frac{2}{10}=0.2$, $2\frac{1}{4}=2\frac{1\times25}{4\times25}=2\frac{25}{100}=2.25$, $\frac{1}{8}=\frac{1\times125}{8\times125}=\frac{125}{1000}=0.125$

소수를 분수로 나타내기

소수는 분모가 10, 100, 1000인 분수로 나타낸 다음 약분하여 기약분수로 나타내야 합니다. 1보다 큰 소수는 대분수로 나타냅니다.

(1) 소수 한 자리 수는 분모를 10으로 합니다. ➡ $0.1=\frac{1}{10}$, $0.5=\frac{5}{10}=\frac{1}{2}$, $1.7=1\frac{7}{10}$

(2) 소수 두 자리 수는 분모를 100으로 합니다.

➡ $0.01=\frac{1}{100}$, $0.73=\frac{73}{100}$, $0.25=\frac{25}{100}=\frac{1}{4}$

(3) 소수 세 자리 수는 분모를 1000으로 합니다.

➡ $0.001=\frac{1}{1000}$, $0.061=\frac{61}{1000}$, $0.125=\frac{125}{1000}=\frac{1}{8}$

예시

분수 → 소수 $\frac{3}{50}=\frac{3\times2}{50\times2}=\frac{6}{100}=0.06$

소수 → 분수 $0.324=\frac{324}{1000}=\frac{81}{250}$

예시를 보면
이해하기 쉬워!

지도
도우미

지금까지 분수를 전체에 대해 부분이 차지하는 양을 나타내는 것으로 배웠다면, 이제부터는 소수와의 관계를 통해 분수 자체가 수라는 것을 배우게 됩니다. 분수를 소수로 나타낼 때, 이 단계에서는 분모가 10, 100, 1000 등 10의 거듭제곱이 되는 특정한 경우만 다룹니다. 1일 차 문제는 단위분수를 소수로 나타내는 연습입니다. 단위분수를 어떤 소수로 나타낼 수 있는지 알면 분수를 소수로 나타내는 계산을 보다 빠르게 할 수 있습니다.

1일차 A형

분수와 소수의 관계

월	일
분	초
	/16

단위분수가 어떤 소수와
같은지 잘 기억해 둬!

✎ 분수를 소수로 나타내세요.

❶ $\frac{1}{2}=$

❷ $\frac{1}{4}=$

❸ $\frac{1}{5}=$

❹ $\frac{1}{8}=$

❺ $\frac{1}{10}=$

❻ $\frac{1}{20}=$

❼ $\frac{1}{25}=$

❽ $\frac{1}{40}=$

❾ $\frac{1}{50}=$

❿ $\frac{1}{100}=$

⓫ $\frac{1}{125}=$

⓬ $\frac{1}{200}=$

⓭ $\frac{1}{250}=$

⓮ $\frac{1}{500}=$

⓯ $\frac{1}{1000}=$

⓰ $\frac{1}{10000}=$

자기 점수에 ○표 하세요

맞힌 개수	8개 이하	9~12개	13~14개	15~16개
학습 방법	개념을 다시 공부하세요.	조금 더 노력하세요.	실수하면 안 돼요.	참 잘했어요.

분수와 소수의 관계

월	일
분	초
	/16

정답 18쪽

단위분수로 나타낼 수 있는 소수들이야!

소수를 기약분수로 나타내세요.

❶ 0.1=

❷ 0.125=

❸ 0.2=

❹ 0.25=

❺ 0.5=

❻ 0.05=

❼ 0.04=

❽ 0.025=

❾ 0.01=

❿ 0.001=

⓫ 0.02=

⓬ 0.008=

⓭ 0.005=

⓮ 0.002=

⓯ 0.004=

⓰ 0.0001=

자기 점수에 ○표 하세요

맞힌 개수	8개 이하	9~12개	13~14개	15~16개
학습 방법	개념을 다시 공부하세요.	조금 더 노력하세요.	실수하면 안 돼요.	참 잘했어요.

2일차 A형

분수와 소수의 관계

월	일
분	초
	/16

✎ 분수를 소수로 나타내세요.

❶ $\frac{12}{40}=$

❷ $\frac{73}{100}=$

❸ $\frac{17}{20}=$

❹ $\frac{85}{200}=$

❺ $\frac{3}{4}=$

❻ $\frac{1}{20}=$

❼ $3\frac{1}{2}=$

❽ $\frac{9}{50}=$

❾ $\frac{115}{100}=$

❿ $\frac{8}{10}=$

⓫ $\frac{302}{500}=$

⓬ $\frac{202}{250}=$

⓭ $1\frac{12}{20}=$

⓮ $3\frac{100}{1000}=$

⓯ $5\frac{1}{4}=$

⓰ $\frac{28}{8}=$

자기 점수에 ○표 하세요

맞힌 개수	8개 이하	9~12개	13~14개	15~16개
학습 방법	개념을 다시 공부하세요.	조금 더 노력 하세요.	실수하면 안 돼요.	참 잘했어요.

분수와 소수의 관계

월 일
분 초
/16

정답 19쪽

소수를 기약분수로 나타내세요.

❶ 0.26=

❷ 0.75=

❸ 0.875=

❹ 0.4=

❺ 0.95=

❻ 0.248=

❼ 0.482=

❽ 1.125=

❾ 3.247=

❿ 0.001=

⓫ 3.25=

⓬ 4.15=

⓭ 0.775=

⓮ 0.625=

⓯ 2.418=

⓰ 1.525=

자기 점수에 ○표 하세요

맞힌 개수	8개 이하	9~12개	13~14개	15~16개
학습 방법	개념을 다시 공부하세요.	조금 더 노력 하세요.	실수하면 안 돼요.	참 잘했어요.

분수와 소수의 관계

월	일
분	초
	/16

✎ 분수를 소수로 나타내세요.

❶ $\frac{11}{2}=$

❷ $\frac{9}{200}=$

❸ $\frac{6}{5}=$

❹ $\frac{37}{125}=$

❺ $\frac{13}{20}=$

❻ $1\frac{7}{25}=$

❼ $\frac{31}{40}=$

❽ $\frac{49}{500}=$

❾ $\frac{231}{1000}=$

❿ $\frac{223}{250}=$

⓫ $\frac{3}{125}=$

⓬ $\frac{25}{8}=$

⓭ $4\frac{19}{50}=$

⓮ $\frac{161}{500}=$

⓯ $2\frac{21}{40}=$

⓰ $2\frac{14}{10000}=$

자기 점수에 ○표 하세요

맞힌 개수	8개 이하	9~12개	13~14개	15~16개
학습 방법	개념을 다시 공부하세요.	조금 더 노력하세요.	실수하면 안 돼요.	참 잘했어요.

3일차 B형

분수와 소수의 관계

월	일
분	초
	/16

정답 20쪽

소수를 기약분수로 나타내세요.

❶ 0.475=

❷ 0.47=

❸ 0.232=

❹ 1.5=

❺ 2.211=

❻ 4.372=

❼ 5.4=

❽ 0.82=

❾ 9.02=

❿ 2.75=

⓫ 0.356=

⓬ 9.544=

⓭ 5.635=

⓮ 0.48=

⓯ 3.378=

⓰ 2.768=

자기 점수에 ○표 하세요

맞힌 개수	8개 이하	9~12개	13~14개	15~16개
학습 방법	개념을 다시 공부하세요.	조금 더 노력 하세요.	실수하면 안 돼요.	참 잘했어요.

분수와 소수의 관계

월	일
분	초
	/16

✎ 분수를 소수로 나타내세요.

❶ $3\frac{1}{4}=$

❷ $\frac{27}{50}=$

❸ $\frac{93}{100}=$

❹ $1\frac{7}{8}=$

❺ $\frac{3}{10}=$

❻ $\frac{17}{20}=$

❼ $\frac{18}{25}=$

❽ $5\frac{21}{40}=$

❾ $1\frac{7}{250}=$

❿ $\frac{7}{500}=$

⓫ $\frac{37}{125}=$

⓬ $\frac{51}{200}=$

⓭ $\frac{33}{250}=$

⓮ $\frac{297}{500}=$

⓯ $\frac{941}{1000}=$

⓰ $1\frac{21}{1000}=$

자기 점수에 ○표 하세요

맞힌 개수	8개 이하	9~12개	13~14개	15~16개
학습 방법	개념을 다시 공부하세요.	조금 더 노력하세요.	실수하면 안 돼요.	참 잘했어요.

분수와 소수의 관계

월	일
분	초
	/16

정답 21쪽

소수를 기약분수로 나타내세요.

① 0.4=

② 4.125=

③ 0.32=

④ 0.25=

⑤ 9.5=

⑥ 7.05=

⑦ 4.04=

⑧ 10.125=

⑨ 2.15=

⑩ 0.936=

⑪ 0.02=

⑫ 0.008=

⑬ 3.6=

⑭ 8.88=

⑮ 0.36=

⑯ 1.475=

자기 점수에 ○표 하세요

맞힌 개수	8개 이하	9~12개	13~14개	15~16개
학습 방법	개념을 다시 공부하세요.	조금 더 노력 하세요.	실수하면 안 돼요.	참 잘했어요.

분수와 소수의 관계

월	일
분	초
	/16

분수를 소수로 나타내세요.

① $\frac{5}{2}=$

② $3\frac{1}{4}=$

③ $6\frac{3}{8}=$

④ $\frac{83}{250}=$

⑤ $3\frac{43}{50}=$

⑥ $\frac{421}{500}=$

⑦ $1\frac{12}{125}=$

⑧ $1\frac{7}{25}=$

⑨ $\frac{7}{50}=$

⑩ $4\frac{39}{50}=$

⑪ $\frac{81}{250}=$

⑫ $1\frac{197}{200}=$

⑬ $\frac{67}{500}=$

⑭ $2\frac{571}{1000}=$

⑮ $3\frac{237}{250}=$

⑯ $5\frac{24}{125}=$

자기 점수에 ○표 하세요

맞힌 개수	8개 이하	9~12개	13~14개	15~16개
학습 방법	개념을 다시 공부하세요.	조금 더 노력하세요.	실수하면 안 돼요.	참 잘했어요.

분수와 소수의 관계

월	일
분	초
	/16

정답 22쪽

✎ 소수를 기약분수로 나타내세요.

① 0.1=

② 0.125=

③ 7.4=

④ 0.25=

⑤ 0.62=

⑥ 3.264=

⑦ 2.898=

⑧ 3.75=

⑨ 1.475=

⑩ 0.001=

⑪ 2.15=

⑫ 0.308=

⑬ 2.312=

⑭ 0.044=

⑮ 5.005=

⑯ 0.175=

자기 점수에 ○표 하세요

맞힌 개수	8개 이하	9~12개	13~14개	15~16개
학습 방법	개념을 다시 공부하세요.	조금 더 노력하세요.	실수하면 안 돼요.	참 잘했어요.

095 단계 곱의 소수점의 위치

◆스스로 학습 관리표◆

정확하게 이해하면
속도도 빨라질 수 있어!

- 매일 맞힌 개수를 적고, 걸린 시간만큼 색칠해 보세요.
(눈금 1칸은 1분이며, 초는 표의 상단에 적으세요.)
- 하루하루 지날수록 실력이 자라고, 계산 속도가
빨라지는 것을 눈으로 직접 확인할 수 있습니다.

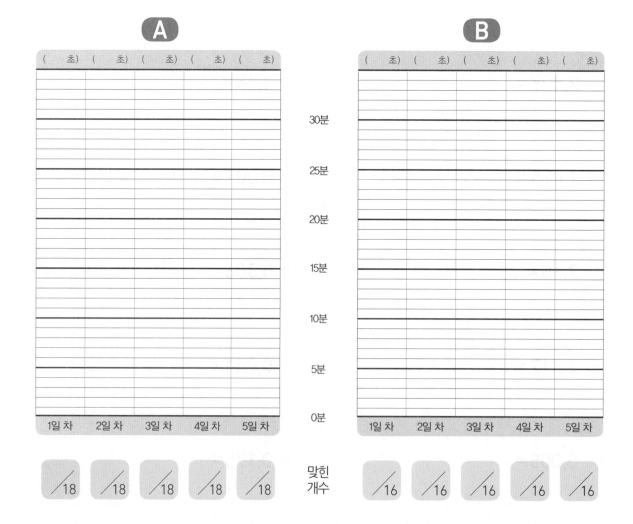

A

1일 차	2일 차	3일 차	4일 차	5일 차
(　초)	(　초)	(　초)	(　초)	(　초)
/18	/18	/18	/18	/18

B

1일 차	2일 차	3일 차	4일 차	5일 차
(　초)	(　초)	(　초)	(　초)	(　초)
/16	/16	/16	/16	/16

30분 25분 20분 15분 10분 5분 0분

맞힌 개수

◆개념 포인트◆

곱의 소수점의 위치

(1) 소수에 10, 100, 1000을 곱하면 곱하는 수의 0의 개수만큼 소수점이 오른쪽으로 옮겨집니다.

$0.23\times\underset{1개}{10}=2.3$, $0.23\times\underset{2개}{100}=23$, $0.230\times\underset{3개}{1000}=230$

이때 소수점을 옮길 자리가 없으면 오른쪽 끝에 0을 채워 쓰면서 소수점을 옮깁니다.

(2) 자연수에 0.1, 0.01, 0.001을 곱하면 곱하는 수의 소수점 아래 자릿수만큼 소수점이 왼쪽으로 옮겨집니다.

$123\times\underset{소수 한 자리 수}{0.1}=12.3$, $123\times\underset{소수 두 자리 수}{0.01}=1.23$, $123\times\underset{소수 세 자리 수}{0.001}=0.123$

이때 소수점을 옮길 자리가 없으면 왼쪽에 0을 채워 쓰면서 소수점을 옮깁니다.

예시

곱의 소수점의 위치 ①

$0.43\times 10=4.3$, $0.43\times 100=43$, $0.43\times 1000=430$

$526\times 0.1=52.6$, $526\times 0.01=5.26$, $526\times 0.001=0.526$

곱의 소수점의 위치 ②

$7\times 4=28$

⇨ $7\times 0.4=2.8$ $0.7\times 0.4=0.28$

$0.7\times 0.04=0.028$ $0.07\times 0.04=0.0028$

곱하는 두 수의 소수점 아래 자리 수를 더한 것과 곱의 소수점 아래 자리 수가 같습니다.

지도 도우미

이 단계는 소수에 곱해지는 수에 따라 소수점의 위치가 어떻게 바뀌는지 알아보는 단계입니다. 특히 곱의 소수점의 위치를 통해서 앞으로 배울 소수의 곱에서 소수점이 이동하는 부분을 이해할 수 있게 됩니다.

1일차 A형

곱의 소수점의 위치

월	일
분	초
	/18

10, 100, …의
곱하는 수의 0의 개수만큼
소수점이 이동해

✎ 다음을 계산하여 소수점의 위치를 확인하세요.

① 0.71×10=

② 635×0.1=

③ 0.7×100=

④ 22×0.01=

⑤ 0.143×1000=

⑥ 913×0.001=

⑦ 0.13×10=

⑧ 54×0.1=

⑨ 0.43×100=

⑩ 255×0.01=

⑪ 0.348×1000=

⑫ 8631×0.001=

⑬ 0.589×10=

⑭ 506×0.1=

⑮ 0.417×100=

⑯ 45×0.01=

⑰ 0.3×1000=

⑱ 96×0.001=

자기 점수에 ○표 하세요

맞힌 개수	10개 이하	11~14개	15~16개	17~18개
학습 방법	개념을 다시 공부하세요.	조금 더 노력하세요.	실수하면 안 돼요.	참 잘했어요.

1일차 B형

곱의 소수점의 위치

월 일
분 초
/16

곱하는 두 수의
소수점 아래 자리수를
더해봐

정답 23쪽

주어진 식을 보고 계산하세요.

① $3\times8=24$
$0.3\times0.8=$

② $7\times9=63$
$0.7\times0.9=$

③ $11\times5=55$
$1.1\times0.5=$

④ $3\times18=54$
$3\times0.18=$

⑤ $7\times13=91$
$7\times0.13=$

⑥ $6\times23=138$
$0.6\times23=$

⑦ $44\times3=132$
$4.4\times3=$

⑧ $63\times6=378$
$63\times0.6=$

⑨ $61\times8=488$
$61\times0.08=$

⑩ $62\times14=868$
$62\times0.14=$

⑪ $123\times5=615$
$12.5\times0.5=$

⑫ $46\times27=1242$
$4.6\times2.7=$

⑬ $4.1\times18=73.8$
$4.1\times0.18=$

⑭ $36\times1.7=61.2$
$3.6\times1.7=$

⑮ $58\times0.33=19.14$
$5.8\times0.33=$

⑯ $0.73\times28=20.44$
$0.73\times2.8=$

자기 점수에 ○표 하세요

맞힌 개수	8개 이하	9~12개	13~14개	15~16개
학습 방법	개념을 다시 공부하세요.	조금 더 노력하세요.	실수하면 안 돼요.	참 잘했어요.

2일차 A형

곱의 소수점의 위치

월	일
분	초
	/18

✎ 다음을 계산하여 소수점의 위치를 확인하세요.

❶ $0.35\times100=$

❷ $704\times0.001=$

❸ $1.02\times10=$

❹ $223\times0.1=$

❺ $1.7\times1000=$

❻ $82\times0.01=$

❼ $3.875\times100=$

❽ $5\times0.1=$

❾ $0.07\times100=$

❿ $174\times0.001=$

⓫ $2.74\times100=$

⓬ $11\times0.01=$

⓭ $0.59\times1000=$

⓮ $40\times0.1=$

⓯ $2.103\times10=$

⓰ $6\times0.01=$

⓱ $0.72\times100=$

⓲ $663\times0.1=$

자기 점수에 ○표 하세요

맞힌 개수	10개 이하	11~14개	15~16개	17~18개
학습 방법	개념을 다시 공부하세요.	조금 더 노력하세요.	실수하면 안 돼요.	참 잘했어요.

곱의 소수점의 위치

월 일
분 초
/16

정답 24쪽

주어진 식을 보고 계산하세요.

① $4\times9=36$
$4\times0.9=$

② $6\times8=48$
$0.6\times0.8=$

③ $3\times15=65$
$3\times0.15=$

④ $18\times4=72$
$1.8\times0.4=$

⑤ $45\times8=360$
$0.45\times8=$

⑥ $6\times23=138$
$0.6\times23=$

⑦ $15\times19=285$
$1.5\times1.9=$

⑧ $57\times12=684$
$5.7\times1.2=$

⑨ $29\times16=464$
$29\times0.16=$

⑩ $63\times44=2772$
$0.63\times44=$

⑪ $89\times8=801$
$89\times0.8=$

⑫ $68\times59=4012$
$68\times0.59=$

⑬ $54\times0.67=36.18$
$0.54\times0.67=$

⑭ $1.15\times55=63.25$
$1.15\times5.5=$

⑮ $4.3\times69=296.7$
$0.43\times6.9=$

⑯ $2.2\times38=83.6$
$2.2\times3.8=$

자기 점수에 ○표 하세요

맞힌 개수	8개 이하	9~12개	13~14개	15~16개
학습 방법	개념을 다시 공부하세요.	조금 더 노력하세요.	실수하면 안 돼요.	참 잘했어요.

3일차 A형

곱의 소수점의 위치

월 일
분 초
/18

다음을 계산하여 소수점의 위치를 확인하세요.

❶ $1.8\times100=$

❷ $52\times0.01=$

❸ $1.22\times1000=$

❹ $3\times0.1=$

❺ $0.149\times10=$

❻ $824\times0.001=$

❼ $2.9\times100=$

❽ $35\times0.1=$

❾ $3.75\times100=$

❿ $14\times0.001=$

⓫ $0.91\times10=$

⓬ $151\times0.1=$

⓭ $1.088\times1000=$

⓮ $40\times0.01=$

⓯ $2.47\times100=$

⓰ $83\times0.001=$

⓱ $0.08\times100=$

⓲ $44\times0.1=$

자기 점수에 ○표 하세요

맞힌 개수	10개 이하	11~14개	15~16개	17~18개
학습 방법	개념을 다시 공부하세요.	조금 더 노력하세요.	실수하면 안 돼요.	참 잘했어요.

곱의 소수점의 위치

월 일
분 초
/16

정답 25쪽

주어진 식을 보고 계산하세요.

❶ 7×8=56
7×0.08=

❷ 8×6=48
0.8×0.6=

❸ 14×4=56
14×0.4=

❹ 12×7=84
0.12×7=

❺ 9×15=135
9×0.15=

❻ 11×11=121
1.1×1.1=

❼ 32×9=288
32×0.9=

❽ 21×17=357
2.1×1.7=

❾ 38×22=836
3.8×22=

❿ 29×35=1015
0.29×35=

⓫ 18×1.9=34.2
18×0.19=

⓬ 15×3.7=55.5
1.5×3.7=

⓭ 3.96×24=95.04
3.96×0.24=

⓮ 3.34×21=70.14
3.34×2.1=

⓯ 218×0.19=41.42
2.18×0.19=

⓰ 334×0.24=80.16
33.4×2.4=

자기 점수에 ○표 하세요

맞힌 개수	8개 이하	9~12개	13~14개	15~16개
학습 방법	개념을 다시 공부하세요.	조금 더 노력 하세요.	실수하면 안 돼요.	참 잘했어요.

4일차 A형

곱의 소수점의 위치

월	일
분	초
	/18

✎ 다음을 계산하여 소수점의 위치를 확인하세요.

❶ 10.1×10=

❷ 13×0.001=

❸ 0.7×1000=

❹ 861×0.1=

❺ 5.39×100=

❻ 7×0.01=

❼ 8.3×1000=

❽ 202×0.001=

❾ 0.3×10=

❿ 13×0.01=

⓫ 8.474×100=

⓬ 231×0.1=

⓭ 12.06×100=

⓮ 600×0.01=

⓯ 0.07×1000=

⓰ 5×0.001=

⓱ 3.5×10=

⓲ 72×0.1=

자기 점수에 ○표 하세요

맞힌 개수	10개 이하	11~14개	15~16개	17~18개
학습 방법	개념을 다시 공부하세요.	조금 더 노력 하세요.	실수하면 안 돼요.	참 잘했어요.

곱의 소수점의 위치

월	일
분	초
	/16

정답 26쪽

주어진 식을 보고 계산하세요.

❶ 5×15=75
0.5×15=

❷ 13×13=169
1.3×1.3=

❸ 51×8=408
51×0.08=

❹ 23×14=322
0.23×14=

❺ 8×17=136
8×1.7=

❻ 13×15=195
1.3×15=

❼ 27×33=891
0.27×33=

❽ 38×12=456
3.8×1.2=

❾ 45×17=765
45×1.7=

❿ 68×31=2108
6.8×0.31=

⓫ 1.14×22=25.08
1.14×2.2=

⓬ 46×1.6=73.6
0.46×1.6=

⓭ 3.6×21=75.6
0.36×2.1=

⓮ 1.86×31=57.66
1.86×0.31=

⓯ 4.16×24=99.84
0.416×24=

⓰ 365×1.9=693.5
3.65×1.9=

자기 점수에 ○표 하세요

맞힌 개수	8개 이하	9~12개	13~14개	15~16개
학습 방법	개념을 다시 공부하세요.	조금 더 노력하세요.	실수하면 안 돼요.	참 잘했어요.

5일차 A형

곱의 소수점의 위치

월	일
분	초
	/18

✎ 다음을 계산하여 소수점의 위치를 확인하세요.

❶ 7.3×1000=

❷ 23×0.001=

❸ 0.445×10=

❹ 81×0.01=

❺ 2.8×100=

❻ 748×0.01=

❼ 3.69×100=

❽ 5×0.001=

❾ 12.33×10=

❿ 96×0.01=

⓫ 1.005×10=

⓬ 4×0.1=

⓭ 3.9×100=

⓮ 200×0.1=

⓯ 0.01×1000=

⓰ 506×0.001=

⓱ 3.4×1000=

⓲ 147×0.01=

자기 점수에 ○표 하세요

맞힌 개수	10개 이하	11~14개	15~16개	17~18개
학습 방법	개념을 다시 공부하세요.	조금 더 노력 하세요.	실수하면 안 돼요.	참 잘했어요.

5일차 B형

곱의 소수점의 위치

월	일
분	초
	/16

정답 27쪽

주어진 식을 보고 계산하세요.

❶ $4\times8=32$
$0.04\times8=$

❷ $6\times7=42$
$0.6\times0.7=$

❸ $17\times4=68$
$1.7\times0.4=$

❹ $5\times19=95$
$5\times1.9=$

❺ $32\times6=192$
$32\times0.6=$

❻ $38\times4=152$
$3.8\times0.4=$

❼ $36\times27=972$
$3.6\times2.7=$

❽ $57\times46=2622$
$0.57\times4.6=$

❾ $48\times84=4032$
$4.8\times8.4=$

❿ $79\times58=4582$
$0.79\times58=$

⓫ $186\times21=5766$
$1.86\times2.1=$

⓬ $318\times24=7950$
$31.8\times2.4=$

⓭ $24\times1.6=38.4$
$0.24\times1.6=$

⓮ $23\times2.3=52.9$
$2.3\times0.23=$

⓯ $0.82\times24=19.68$
$0.82\times2.4=$

⓰ $154\times1.28=197.12$
$15.4\times0.128=$

자기 점수에 ○표 하세요

맞힌 개수	8개 이하	9~12개	13~14개	15~16개
학습 방법	개념을 다시 공부하세요.	조금 더 노력하세요.	실수하면 안 돼요.	참 잘했어요.

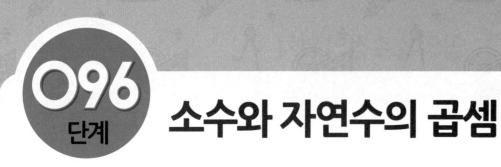

096 단계 소수와 자연수의 곱셈

◆스스로 학습 관리표◆

정확하게 이해하면
속도도 빨라질 수 있어!

- 매일 맞힌 개수를 적고, 걸린 시간만큼 색칠해 보세요. (눈금 1칸은 1분이며, 초는 표의 상단에 적으세요.)
- 하루하루 지날수록 실력이 자라고, 계산 속도가 빨라지는 것을 눈으로 직접 확인할 수 있습니다.

A

(초)	(초)	(초)	(초)	(초)
1일 차	2일 차	3일 차	4일 차	5일 차
/12	/12	/12	/12	/12

B

(초)	(초)	(초)	(초)	(초)
1일 차	2일 차	3일 차	4일 차	5일 차
/9	/9	/9	/9	/9

30분
25분
20분
15분
10분
5분
0분

맞힌 개수

개념 포인트

(자연수) × (소수) , (소수) × (자연수)

소수의 곱셈은 자연수의 곱셈과 거의 비슷합니다. 소수점의 위치만 잘 맞춰 찍어 주면 됩니다.

소수의 곱셈은 자연수 곱셈과 마찬가지로 오른쪽 끝을 맞추어 쓴 다음 곱셈 계산을 합니다. 곱하는 수의 소수점 아래 수의 개수만큼 오른쪽 끝에서부터 세어 소수점을 찍어 주면 됩니다.

①

		0.	8
×			4

오른쪽 끝을 맞춥니다.

②

		0.	8
×			4
		3	2

8×4 = 32

③

		0.	8
×			4
		3.	2

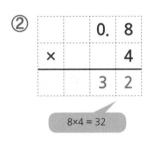

0.8은 소수점 아래 자리 개수가 1개, 4는 0개이므로 총 1+0 =1개입니다.

예시

세로셈

			2	1
×			1.	4
			8	4
		2	1	
		2	9.	4

가로셈 38×0.23

			3	8
×		0.	2	3
		1	1	4
		7	6	
		8.	7	4

오른쪽 끝을 맞춰 줘.

지도 도우미

소수의 곱셈은 자연수의 곱셈과 거의 같습니다. 다만, 곱한 소수의 소수점 아래 수의 개수만큼 계산 결과의 오른쪽 끝에서부터 세어서 소수점을 찍어 줘야 한다는 것을 익히도록 도와 주세요. 1.5×4 = 6.0과 같이 오른쪽 마지막 숫자가 0이 되는 경우에는 이 마지막 0을 생략해 줍니다. 소수점 위치에 주의하면서 자연수의 곱셈을 복습할 수 있는 단계입니다.

1일차 A형

소수와 자연수의 곱셈

월	일
분	초
	/12

소수점 위치를
잘 맞춰서 찍어.

✐ 곱셈을 하세요.

❶ 0.7×8

❷ 6.4×7

❸ 83×0.6

❹ 2.6×17

❺ 8×0.64

❻ 7.2×37

❼ 300×2.4

❽ 0.7×40

❾ 0.04×96

❿ 8×15.7

⓫ 3×8.92

⓬ 23×3.18

자기 점수에 ○표 하세요

맞힌 개수	6개 이하	7~8개	9~10개	11~12개
학습 방법	개념을 다시 공부하세요.	조금 더 노력 하세요.	실수하면 안 돼요.	참 잘했어요.

소수와 자연수의 곱셈

월	일
분	초
	/9

정답 28쪽

직접 세로셈으로 써서
계산해 봐!

곱셈을 하세요.

❶ 2.37×14

❷ 0.27×36

❸ 48×0.19

❹ 0.51×12

❺ 32×0.23

❻ 5×0.03

❼ 4×3.14

❽ 8.1×135

❾ 12×52.3

자기 점수에 ○표 하세요

맞힌 개수	4개 이하	5~6개	7~8개	9개
학습 방법	개념을 다시 공부하세요.	조금 더 노력하세요.	실수하면 안 돼요.	참 잘했어요.

2일차 A형

소수와 자연수의 곱셈

월 일
분 초
/12

✎ 곱셈을 하세요.

❶ 0.3×4

❷ 3.7×8

❸ 2.25×8

❹ 1.4×15

❺ 7×0.43

❻ 7.7×21

❼ 240×2.4

❽ 0.8×43

❾ 0.07×36

❿ 4×15.9

⓫ 6×7.32

⓬ 46×2.19

자기 점수에 ○표 하세요

맞힌 개수	6개 이하	7~8개	9~10개	11~12개
학습 방법	개념을 다시 공부하세요.	조금 더 노력하세요.	실수하면 안 돼요.	참 잘했어요.

소수와 자연수의 곱셈

월 일
분 초
/9

정답 29쪽

곱셈을 하세요.

❶ 3.24×17

❷ 0.35×42

❸ 37×0.18

❹ 0.84×23

❺ 38×0.15

❻ 6×0.04

❼ 6×2.73

❽ 7.4×108

❾ 28×32.4

자기 점수에 ○표 하세요

맞힌 개수	4개 이하	5~6개	7~8개	9개
학습 방법	개념을 다시 공부하세요.	조금 더 노력하세요.	실수하면 안 돼요.	참 잘했어요.

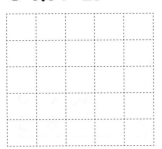

3일차 A형

소수와 자연수의 곱셈

월 일
분 초
/12

곱셈을 하세요.

❶
$$\begin{array}{r} 0.9 \\ \times \quad 2 \\ \hline \end{array}$$

❷
$$\begin{array}{r} 4.2 \\ \times \quad 8 \\ \hline \end{array}$$

❸
$$\begin{array}{r} 49 \\ \times \quad 0.9 \\ \hline \end{array}$$

❹
$$\begin{array}{r} 1.3 \\ \times \quad 28 \\ \hline \end{array}$$

❺
$$\begin{array}{r} 9 \\ \times \quad 0.52 \\ \hline \end{array}$$

❻
$$\begin{array}{r} 6.7 \\ \times \quad 13 \\ \hline \end{array}$$

❼
$$\begin{array}{r} 700 \\ \times \quad 3.5 \\ \hline \end{array}$$

❽
$$\begin{array}{r} 0.9 \\ \times \quad 80 \\ \hline \end{array}$$

❾
$$\begin{array}{r} 0.06 \\ \times \quad 83 \\ \hline \end{array}$$

❿
$$\begin{array}{r} 7 \\ \times \quad 36.9 \\ \hline \end{array}$$

⓫
$$\begin{array}{r} 4 \\ \times \quad 7.53 \\ \hline \end{array}$$

⓬
$$\begin{array}{r} 27 \\ \times \quad 6.34 \\ \hline \end{array}$$

자기 점수에 ○표 하세요

맞힌 개수	6개 이하	7~8개	9~10개	11~12개
학습 방법	개념을 다시 공부하세요.	조금 더 노력 하세요.	실수하면 안 돼요.	참 잘했어요.

소수와 자연수의 곱셈

월	일
분	초
	/9

정답 30쪽

곱셈을 하세요.

❶ 4.83×23

❷ 0.34×56

❸ 47×0.23

❹ 0.57×32

❺ 27×0.48

❻ 5×0.02

❼ 6×2.89

❽ 5.7×253

❾ 45×38.6

자기 점수에 ○표 하세요

맞힌 개수	4개 이하	5~6개	7~8개	9개
학습 방법	개념을 다시 공부하세요.	조금 더 노력하세요.	실수하면 안 돼요.	참 잘했어요.

4일차 A형

소수와 자연수의 곱셈

월	일
분	초
	/12

✎ 곱셈을 하세요.

❶

			0.	5
×				7

❷

			8.	3
×				7

❸

			3	8
×			0.	2

❹

			4.	6
×			3	2

❺

				7
×		0.	7	7

❻

			3.	9
×			7	6

❼

		2	5	0
×			4.	6

❽

			0.	8
×			2	0

❾

		0.	0	7
×			4	2

❿

				6
×		4	2.	9

⓫

				6
×		5.	7	3

⓬

			5	7
×		4.	2	3

자기 점수에 ○표 하세요

맞힌 개수	6개 이하	7~8개	9~10개	11~12개
학습 방법	개념을 다시 공부하세요.	조금 더 노력하세요.	실수하면 안 돼요.	참 잘했어요.

소수와 자연수의 곱셈

월 일
분 초
/9

정답 31쪽

곱셈을 하세요.

❶ 6.25×32

❷ 0.74×13

❸ 52×0.38

❹ 0.48×37

❺ 28×0.43

❻ 4×0.63

❼ 9×3.14

❽ 2.6×365

❾ 37×45.2

자기 점수에 ○표 하세요

맞힌 개수	4개 이하	5~6개	7~8개	9개
학습 방법	개념을 다시 공부하세요.	조금 더 노력 하세요.	실수하면 안 돼요.	참 잘했어요.

5일차 A형

소수와 자연수의 곱셈

월 일
분 초
/12

✎ 곱셈을 하세요.

❶
$$\begin{array}{r} 0.3 \\ \times \quad 9 \\ \hline \end{array}$$

❷
$$\begin{array}{r} 5.9 \\ \times \quad 4 \\ \hline \end{array}$$

❸
$$\begin{array}{r} 28 \\ \times \quad 0.9 \\ \hline \end{array}$$

❹
$$\begin{array}{r} 5.6 \\ \times \quad 63 \\ \hline \end{array}$$

❺
$$\begin{array}{r} 6 \\ \times \quad 0.92 \\ \hline \end{array}$$

❻
$$\begin{array}{r} 8.7 \\ \times \quad 26 \\ \hline \end{array}$$

❼
$$\begin{array}{r} 400 \\ \times \quad 3.6 \\ \hline \end{array}$$

❽
$$\begin{array}{r} 0.5 \\ \times \quad 90 \\ \hline \end{array}$$

❾
$$\begin{array}{r} 0.07 \\ \times \quad 28 \\ \hline \end{array}$$

❿
$$\begin{array}{r} 3 \\ \times \quad 32.4 \\ \hline \end{array}$$

⓫
$$\begin{array}{r} 8 \\ \times \quad 5.67 \\ \hline \end{array}$$

⓬
$$\begin{array}{r} 27 \\ \times \quad 6.35 \\ \hline \end{array}$$

자기 점수에 ○표 하세요

맞힌 개수	6개 이하	7~8개	9~10개	11~12개
학습 방법	개념을 다시 공부하세요.	조금 더 노력하세요.	실수하면 안 돼요.	참 잘했어요.

소수와 자연수의 곱셈

월 일
분 초
/9

정답 32쪽

곱셈을 하세요.

❶ 1.99×38

❷ 0.87×54

❸ 95×0.12

❹ 0.76×95

❺ 43×0.27

❻ 7×0.02

❼ 8×7.26

❽ 5.6×495

❾ 17×42.7

자기 점수에 ○표 하세요

맞힌 개수	4개 이하	5~6개	7~8개	9개
학습 방법	개념을 다시 공부하세요.	조금 더 노력하세요.	실수하면 안 돼요.	참 잘했어요.

세 단계 묶어 풀기 094 ~ 096단계
분수와 소수의 관계 / 소수와 자연수의 곱셈

월	일
분	초
	/15

정답 33쪽

✎ 분수를 소수로, 소수를 기약분수로 나타내세요.

❶ $\frac{13}{20}=$

❷ $0.2=$

❸ $3\frac{5}{8}=$

❹ $2.76=$

✎ 다음을 계산하여 소수점의 위치를 확인하세요.

❺ $5.9\times10=$

❻ $26\times0.1=$

❼ $1.804\times100=$

❽ $84\times0.001=$

❾ $8\times23=184$
$0.8\times2.3=$

❿ $43\times69=2967$
$0.43\times6.9=$

⓫ $5.7\times12=68.4$
$5.7\times1.2=$

⓬ $2.26\times11=24.86$
$2.26\times0.11=$

✎ 곱셈을 하세요.

⓭ 2.37×14

⓮ 0.27×36

⓯ 48×0.19

재미있는 수학 이야기

알아두면
도움이 돼!

연산 기호는 언제 태어났을까?

이 책을 통해 여러분은 더하기, 빼기, 곱하기, 나누기를 연습하고 있습니다. 자연수, 진분수, 가분수, 대분수, 소수의 여러 가지 수를 가지고 계산하다 보니 더하기, 빼기, 곱하기, 나누기의 기호인 +, −, ×, ÷를 참 많이 보게 되네요. 이 기호들이 없었다면 문제마다 하나하나 '더하기, 곱하기, 빼기, 나누기'라고 말로 써야 해서 종이가 많이 들었을 거예요. 이 기호들로 계산해야 하는 식을 간단하고 편리하게 나타낼 수 있는 거랍니다. 그런데 도대체 누가 이 기호들을 만들었을까요?

+와 −는 독일에 사는 비드만이라는 사람이 '많다'와 '적다'를 표시하기 위해 처음 사용했답니다. 그 후에 네덜란드의 호이케라는 사람이 +는 '더한다'는 뜻으로 −는 '뺀다'는 표시로 사용하기 시작했고요. 그리고 곱셈 기호인 ×는 영국 사람인 오트레드가, 나눗셈 기호인 ÷는 스위스 사람인 란이 만들었다고 합니다.
그렇다면 가장 먼저 생겨난 기호는 무엇일까요? 더하기 기호인 +와 빼기 기호인 −가 태어난 해는 1489년이고 등호인 =는 1557년에 태어났습니다. 곱하기 기호인 ×은 1631년에, 나누기 기호인 ÷는 1659년에 태어났답니다. 비드만, 호이케, 오트레드, 란. 이 사람들 덕분에 우리는 지금 이러한 기호들을 매우 편리하게 사용하고 있습니다.

097 단계 1보다 작은 소수의 곱셈

◆스스로 학습 관리표◆

정확하게 이해하면
속도도 빨라질 수 있어!

- 매일 맞힌 개수를 적고, 걸린 시간만큼 색칠해 보세요. (눈금 1칸은 1분이며, 초는 표의 상단에 적으세요.)
- 하루하루 지날수록 실력이 자라고, 계산 속도가 빨라지는 것을 눈으로 직접 확인할 수 있습니다.

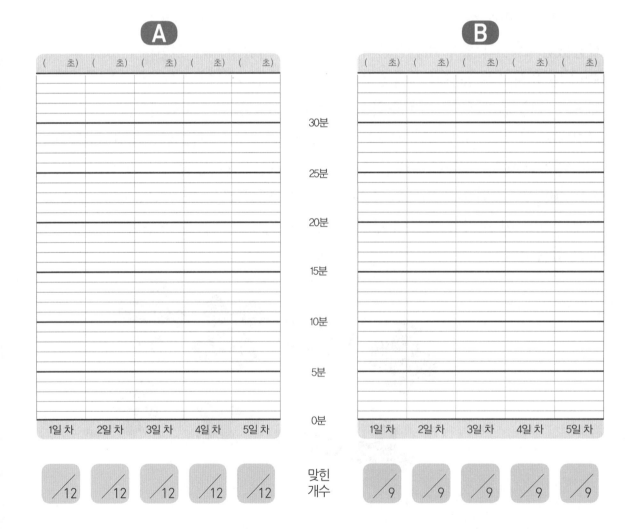

A

	1일 차	2일 차	3일 차	4일 차	5일 차
	(　초)	(　초)	(　초)	(　초)	(　초)
30분					
25분					
20분					
15분					
10분					
5분					
0분					
맞힌 개수	/12	/12	/12	/12	/12

B

	1일 차	2일 차	3일 차	4일 차	5일 차
	(　초)	(　초)	(　초)	(　초)	(　초)
30분					
25분					
20분					
15분					
10분					
5분					
0분					
맞힌 개수	/9	/9	/9	/9	/9

◆개념 포인트◆

1보다 작은 소수의 곱셈

소수끼리의 곱셈은 자연수의 곱셈의 방법을 이용하여 계산합니다. 이때 곱한 두 소수의 소수점 아래 자릿수의 합만큼 곱의 결과에 소수점을 찍어야 하는 것을 주의하세요. 만약 소수점 아래의 자릿수가 모자라면 0을 채워 넣은 후 소수점을 찍어 주면 됩니다.

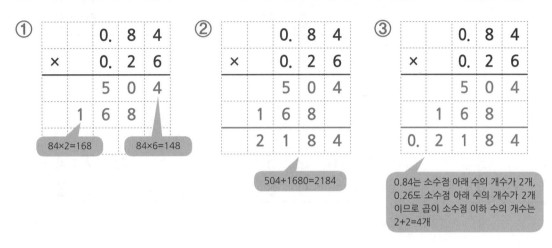

①

		0.	8	4
×		0.	2	6
		5	0	4
	1	6	8	

84×2=168　84×6=148

②

		0.	8	4
×		0.	2	6
		5	0	4
	1	6	8	
	2	1	8	4

504+1680=2184

③

		0.	8	4
×		0.	2	6
		5	0	4
	1	6	8	
0.	2	1	8	4

0.84는 소수점 아래 수의 개수가 2개, 0.26도 소수점 아래 수의 개수가 2개이므로 곱이 소수점 이하 수의 개수는 2+2=4개

예시

소수점 아래 자릿수의 개수에 주의하자.

세로셈

		0.	2
×		0.	4
	0.	0	8

0을 더 채워 넣습니다.

가로셈　0.35×0.4

		0.	3	5
×			0.	4
	0.	1	4	0̸

소수점 아래 마지막 0은 생략합니다.

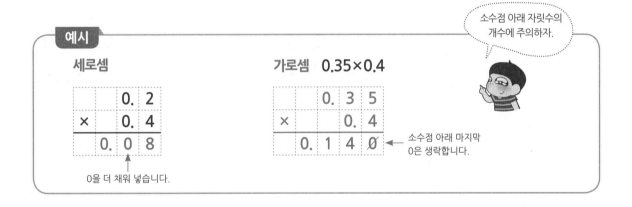

지도
도우미

이번 단계에서는 소수끼리 곱셈하는 방법에 대해서 공부해봅니다. 그 중에서도 1보다 작은 소수끼리 어떻게 곱셈을 하는지를 알아볼거예요. 이번 단계에서도 앞으로 배울 다른 소수의 곱셈에서도 기본적으로 자연수의 곱셈과 같은 방법을 사용할 수 있도록 지도해 주세요. 그리고 반드시 계산 결과에 소수점의 위치를 정확하게 찍어 주어야 한다는 것을 강조해주세요.

1일차 A형

1보다 작은 소수의 곱셈

월	일
분	초
	/12

(소수 한 자리)×(소수 한 자리)
는 소수 두 자리!

곱셈을 하세요.

❶
$$\begin{array}{r} 0.3 \\ \times\ 0.2 \\ \hline \end{array}$$

❷
$$\begin{array}{r} 0.7 \\ \times\ 0.5 \\ \hline \end{array}$$

❸
$$\begin{array}{r} 0.8 \\ \times\ 0.6 \\ \hline \end{array}$$

❹
$$\begin{array}{r} 0.13 \\ \times\ 0.4 \\ \hline \end{array}$$

❺
$$\begin{array}{r} 0.25 \\ \times\ 0.8 \\ \hline \end{array}$$

❻
$$\begin{array}{r} 0.74 \\ \times\ 0.3 \\ \hline \end{array}$$

❼
$$\begin{array}{r} 0.9 \\ \times\ 0.56 \\ \hline \end{array}$$

❽
$$\begin{array}{r} 0.2 \\ \times\ 0.92 \\ \hline \end{array}$$

❾
$$\begin{array}{r} 0.19 \\ \times\ 0.77 \\ \hline \end{array}$$

❿
$$\begin{array}{r} 0.42 \\ \times\ 0.26 \\ \hline \end{array}$$

⓫
$$\begin{array}{r} 0.38 \\ \times\ 0.17 \\ \hline \end{array}$$

⓬
$$\begin{array}{r} 0.56 \\ \times\ 0.45 \\ \hline \end{array}$$

자기 점수에 ○표 하세요

맞힌 개수	6개 이하	7~8개	9~10개	11~12개
학습 방법	개념을 다시 공부하세요.	조금 더 노력하세요.	실수하면 안 돼요.	참 잘했어요.

1일차 B형

1보다 작은 소수의 곱셈

월 일
분 초
/9

곱하는 수들이
소수점 아래 몇 자리
수인지 확인하자!

정답 34쪽

곱셈을 하세요.

❶ 0.4×0.7

❷ 0.6×0.9

❸ 0.5×0.3

❹ 0.8×0.31

❺ 0.6×0.57

❻ 0.27×0.16

❼ 0.84×0.22

❽ 0.71×0.53

❾ 0.05×0.83

자기 점수에 ○표 하세요

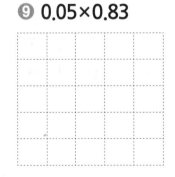

맞힌 개수	4개 이하	5~6개	7~8개	9개
학습 방법	개념을 다시 공부하세요.	조금 더 노력 하세요.	실수하면 안 돼요.	참 잘했어요.

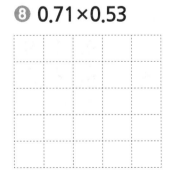

1보다 작은 소수의 곱셈

월	일
분	초
	/12

✎ 곱셈을 하세요.

❶
$$\begin{array}{r} 0.4 \\ \times\ 0.6 \\ \hline \end{array}$$

❷
$$\begin{array}{r} 0.2 \\ \times\ 0.9 \\ \hline \end{array}$$

❸
$$\begin{array}{r} 0.7 \\ \times\ 0.9 \\ \hline \end{array}$$

❹
$$\begin{array}{r} 0.24 \\ \times\ 0.8\ \ \\ \hline \end{array}$$

❺
$$\begin{array}{r} 0.73 \\ \times\ 0.3\ \ \\ \hline \end{array}$$

❻
$$\begin{array}{r} 0.62 \\ \times\ 0.5\ \ \\ \hline \end{array}$$

❼
$$\begin{array}{r} 0.3\ \ \\ \times\ 0.49 \\ \hline \end{array}$$

❽
$$\begin{array}{r} 0.5\ \ \\ \times\ 0.57 \\ \hline \end{array}$$

❾
$$\begin{array}{r} 0.28 \\ \times\ 0.41 \\ \hline \end{array}$$

❿
$$\begin{array}{r} 0.37 \\ \times\ 0.78 \\ \hline \end{array}$$

⓫
$$\begin{array}{r} 0.19 \\ \times\ 0.21 \\ \hline \end{array}$$

⓬
$$\begin{array}{r} 0.62 \\ \times\ 0.53 \\ \hline \end{array}$$

자기 점수에 ○표 하세요

맞힌 개수	6개 이하	7~8개	9~10개	11~12개
학습 방법	개념을 다시 공부하세요.	조금 더 노력하세요.	실수하면 안 돼요.	참 잘했어요.

1보다 작은 소수의 곱셈

월 일
분 초
/9

정답 35쪽

곱셈을 하세요.

❶ 0.4×0.3

❷ 0.7×0.3

❸ 0.3×0.6

❹ 0.5×0.44

❺ 0.2×0.31

❻ 0.59×0.23

❼ 0.68×0.42

❽ 0.76×0.24

❾ 0.17×0.09

자기 점수에 ○표 하세요

맞힌 개수	4개 이하	5~6개	7~8개	9개
학습 방법	개념을 다시 공부하세요.	조금 더 노력 하세요.	실수하면 안 돼요.	참 잘했어요.

1보다 작은 소수의 곱셈

월 일
분 초
/12

곱셈을 하세요.

①

		0.	5
×		0.	5

②

		0.	6
×		0.	7

③

		0.	3
×		0.	8

④

	0.	6	8
×		0.	2

⑤

	0.	5	7
×		0.	4

⑥

	0.	3	6
×		0.	8

⑦

		0.	2
×	0.	9	7

⑧

		0.	8
×	0.	3	2

⑨

		0.	1	6
×		0.	5	4

⑩

		0.	3	1
×		0.	7	2

⑪

		0.	2	6
×		0.	4	5

⑫

		0.	0	9
×		0.	8	3

자기 점수에 ○표 하세요

맞힌 개수	6개 이하	7~8개	9~10개	11~12개
학습 방법	개념을 다시 공부하세요.	조금 더 노력하세요.	실수하면 안 돼요.	참 잘했어요.

1보다 작은 소수의 곱셈

월	일
분	초
	/9

정답 36쪽

곱셈을 하세요.

❶ 0.9×0.5

❷ 0.8×0.5

❸ 0.4×0.8

❹ 0.7×0.16

❺ 0.5×0.94

❻ 0.83×0.82

❼ 0.76×0.13

❽ 0.52×0.46

❾ 0.22×0.96

자기 점수에 ○표 하세요

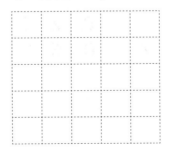

맞힌 개수	4개 이하	5~6개	7~8개	9개
학습 방법	개념을 다시 공부하세요.	조금 더 노력 하세요.	실수하면 안 돼요.	참 잘했어요.

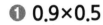

4일차 A형

1보다 작은 소수의 곱셈

월 일
분 초
/12

곱셈을 하세요.

❶
$$\begin{array}{r} 0.7 \\ \times\ 0.8 \\ \hline \end{array}$$

❷
$$\begin{array}{r} 0.2 \\ \times\ 0.7 \\ \hline \end{array}$$

❸
$$\begin{array}{r} 0.3 \\ \times\ 0.5 \\ \hline \end{array}$$

❹
$$\begin{array}{r} 0.55 \\ \times\ 0.7 \\ \hline \end{array}$$

❺
$$\begin{array}{r} 0.41 \\ \times\ 0.9 \\ \hline \end{array}$$

❻
$$\begin{array}{r} 0.06 \\ \times\ 0.7 \\ \hline \end{array}$$

❼
$$\begin{array}{r} 0.3 \\ \times\ 0.29 \\ \hline \end{array}$$

❽
$$\begin{array}{r} 0.9 \\ \times\ 0.52 \\ \hline \end{array}$$

❾
$$\begin{array}{r} 0.87 \\ \times\ 0.39 \\ \hline \end{array}$$

❿
$$\begin{array}{r} 0.66 \\ \times\ 0.44 \\ \hline \end{array}$$

⓫
$$\begin{array}{r} 0.23 \\ \times\ 0.68 \\ \hline \end{array}$$

⓬
$$\begin{array}{r} 0.34 \\ \times\ 0.98 \\ \hline \end{array}$$

자기 점수에 ○표 하세요

맞힌 개수	6개 이하	7~8개	9~10개	11~12개
학습 방법	개념을 다시 공부하세요.	조금 더 노력하세요.	실수하면 안 돼요.	참 잘했어요.

1보다 작은 소수의 곱셈

월 일
분 초
/9

정답 37쪽

곱셈을 하세요.

❶ 0.7×0.7

❷ 0.5×0.4

❸ 0.6×0.06

❹ 0.3×0.27

❺ 0.9×0.56

❻ 0.03×0.76

❼ 0.58×0.86

❽ 0.94×0.06

❾ 0.73×0.32

자기 점수에 ○표 하세요

맞힌 개수	4개 이하	5~6개	7~8개	9개
학습 방법	개념을 다시 공부하세요.	조금 더 노력 하세요.	실수하면 안 돼요.	참 잘했어요.

1보다 작은 소수의 곱셈

월	일
분	초
	/12

곱셈을 하세요.

❶ 0.8×0.8

❷ 0.9×0.3

❸ 0.6×0.8

❹ 0.15×0.7

❺ 0.29×0.6

❻ 0.71×0.8

❼ 0.5×0.84

❽ 0.6×0.37

❾ 0.22×0.38

❿ 0.91×0.34

⓫ 0.72×0.25

⓬ 0.36×0.57

자기 점수에 ○표 하세요.

맞힌 개수	6개 이하	7~8개	9~10개	11~12개
학습 방법	개념을 다시 공부하세요.	조금 더 노력하세요.	실수하면 안 돼요.	참 잘했어요.

1보다 작은 소수의 곱셈

월	일
분	초
	/9

정답 38쪽

곱셈을 하세요.

❶ 0.2×0.8

❷ 0.6×0.9

❸ 0.9×0.8

❹ 0.5×0.42

❺ 0.8×0.39

❻ 0.86×0.51

❼ 0.94×0.73

❽ 0.82×0.05

❾ 0.54×0.27

자기 점수에 ○표 하세요

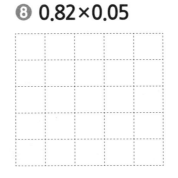

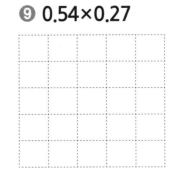

맞힌 개수	4개 이하	5~6개	7~8개	9개
학습 방법	개념을 다시 공부하세요.	조금 더 노력하세요.	실수하면 안 돼요.	참 잘했어요.

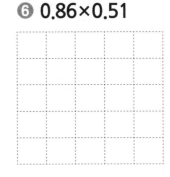

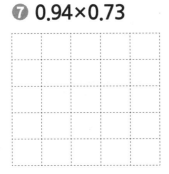

098 단계 1보다 큰 소수의 곱셈

◆스스로 학습 관리표◆

정확하게 이해하면
속도도 빨라질 수 있어!

- 매일 맞힌 개수를 적고, 걸린 시간만큼 색칠해 보세요. (눈금 1칸은 1분이며, 초는 표의 상단에 적으세요.)
- 하루하루 지날수록 실력이 자라고, 계산 속도가 빨라지는 것을 눈으로 직접 확인할 수 있습니다.

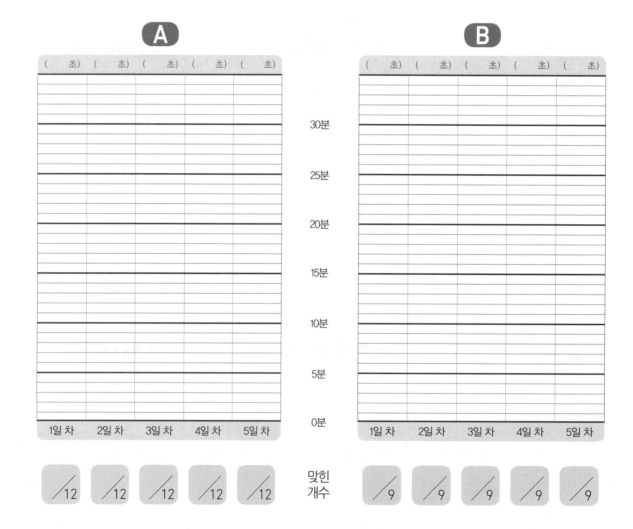

A

(초)	(초)	(초)	(초)	(초)
1일 차	2일 차	3일 차	4일 차	5일 차

B

(초)	(초)	(초)	(초)	(초)
1일 차	2일 차	3일 차	4일 차	5일 차

30분 / 25분 / 20분 / 15분 / 10분 / 5분 / 0분

	1일 차	2일 차	3일 차	4일 차	5일 차
A 맞힌 개수	/12	/12	/12	/12	/12
B 맞힌 개수	/9	/9	/9	/9	/9

◆개념 포인트◆

1보다 큰 소수의 곱셈

1보다 큰 소수끼리의 곱셈 역시 자연수의 곱과 같은 방법으로 계산합니다. 계산 결과 큰 수가 나오더라도 놀라지 말고 곱한 소수의 소수점이 모두 몇 자리인가를 확인하고 올바른 위치에 소수점을 찍어주면 됩니다.

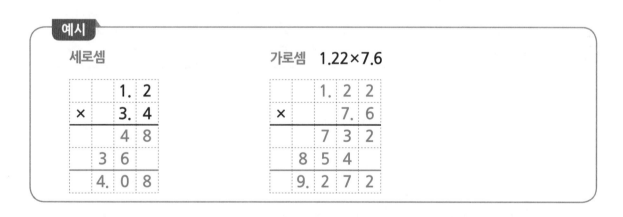

①

		2.	7
×		6.	8
	2	1	6

27×8=216

②

		2.	7
×		6.	8
	2	1	6
1	6	2	

27×6=162

③

		2.	7
×		6.	8
	2	1	6
1	6	2	
1	8	3	6

216+1620=1836

④

		2.	7
×		6.	8
	2	1	6
1	6	2	
1	8.	3	6

2.7은 소수점 아래 수의 개수가 1개, 6.8 소수점 아래 수의 개수가 1개이므로 곱의 소수점 이하 수의 개수는 1+1=2개

예시

세로셈

		1.	2
×		3.	4
		4	8
	3	6	
	4.	0	8

가로셈 1.22×7.6

		1.	2	2
×			7.	6
		7	3	2
	8	5	4	
	9.	2	7	2

지도
도우미

이번에는 좀 더 큰 소수들끼리 곱하는 방법에 대해 공부해봅니다. 수가 커졌다고 해서 달라질 것은 없어요. 소수점이 없는 자연수의 곱과 같은 방법으로 계산하고 모두 소수점 아래 몇 자리 수가 될 것인지를 반드시 확인하게 해주세요. 제대로 계산하고 소수점을 잘못 찍어서 틀리지 않도록 주의시켜 주세요.

1일차 A형

1보다 큰 소수의 곱셈

월 일
분 초
/12

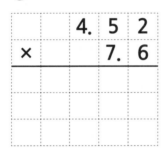

소수점 아래 몇 자리
인지 확인해줘

곱셈을 하세요.

❶ 2.4×5.3

❷ 2.9×8.1

❸ 7.6×1.5

❹ 12.3×4.8

❺ 4.52×7.6

❻ 8.07×6.8

❼ 2.6×1.89

❽ 1.72×5.18

❾ 3.92×1.07

❿ 3.15×2.24

⓫ 5.02×2.47

⓬ 1.71×8.31

자기 점수에 ○표 하세요

맞힌 개수	6개 이하	7~8개	9~10개	11~12개
학습 방법	개념을 다시 공부하세요.	조금 더 노력 하세요.	실수하면 안 돼요.	참 잘했어요.

1일차 B형

1보다 큰 소수의 곱셈

월 일
분 초
/9

받아올림에 주의하면서
차근차근 계산해

정답 39쪽

곱셈을 하세요.

❶ 1.8×4.4

❷ 2.6×9.2

❸ 4.3×8.5

❹ 1.74×1.6

❺ 2.73×3.3

❻ 5.52×7.6

❼ 8.4×2.62

❽ 2.96×2.45

❾ 8.61×4.57

자기 점수에 ○표 하세요

맞힌 개수	4개 이하	5~6개	7~8개	9개
학습 방법	개념을 다시 공부하세요.	조금 더 노력 하세요.	실수하면 안 돼요.	참 잘했어요.

1보다 큰 소수의 곱셈

월 일
분 초
/12

곱셈을 하세요.

❶ 5.7×3.9

❷ 7.6×4.2

❸ 3.8×9.2

❹ 47.7×3.8

❺ 1.93×2.5

❻ 2.59×1.6

❼ 5.4×3.25

❽ 1.43×6.52

❾ 4.06×2.42

❿ 1.82×5.43

⓫ 7.46×3.62

⓬ 5.52×3.79

자기 점수에 ○표 하세요

맞힌 개수	6개 이하	7~8개	9~10개	11~12개
학습 방법	개념을 다시 공부하세요.	조금 더 노력하세요.	실수하면 안 돼요.	참 잘했어요.

1보다 큰 소수의 곱셈

월 일
분 초
/9

정답 40쪽

곱셈을 하세요.

❶ 5.6×3.7

❷ 1.8×1.7

❸ 12.6×9.3

❹ 3.55×4.3

❺ 8.61×7.5

❻ 9.32×2.1

❼ 6.2×3.45

❽ 1.25×6.17

❾ 5.28×5.14

자기 점수에 ○표 하세요

맞힌 개수	4개 이하	5~6개	7~8개	9개
학습 방법	개념을 다시 공부하세요.	조금 더 노력하세요.	실수하면 안 돼요.	참 잘했어요.

3일차 A형

1보다 큰 소수의 곱셈

월	일
분	초
	/12

곱셈을 하세요.

❶ 8.1×5.6

❷ 9.3×2.8

❸ 2.6×7.7

❹ 31.8×5.2

❺ 2.14×3.7

❻ 5.75×4.8

❼ 9.2×4.19

❽ 2.85×2.11

❾ 3.02×3.21

❿ 1.26×7.18

⓫ 3.84×5.47

⓬ 2.73×8.95

자기 점수에 ○표 하세요

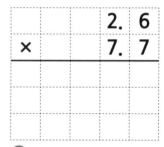

맞힌 개수	6개 이하	7~8개	9~10개	11~12개
학습 방법	개념을 다시 공부하세요.	조금 더 노력 하세요.	실수하면 안 돼요.	참 잘했어요.

1보다 큰 소수의 곱셈

월	일
분	초
	/9

정답 41쪽

곱셈을 하세요.

❶ 3.3×1.7

❷ 5.1×6.4

❸ 11.7×1.9

❹ 1.36×8.7

❺ 4.55×7.5

❻ 6.83×3.6

❼ 2.9×5.41

❽ 2.96×2.45

❾ 8.61×4.57

자기 점수에 ○표 하세요

맞힌 개수	4개 이하	5~6개	7~8개	9개
학습 방법	개념을 다시 공부하세요.	조금 더 노력 하세요.	실수하면 안 돼요.	참 잘했어요.

4일차 A형

1보다 큰 소수의 곱셈

월 일
분 초
/12

곱셈을 하세요.

❶ 9.3×4.7

❷ 1.6×5.2

❸ 8.4×2.3

❹ 52.4×1.4

❺ 3.86×5.2

❻ 4.07×8.3

❼ 2.1×7.65

❽ 3.14×1.82

❾ 2.63×2.54

❿ 8.15×1.03

⓫ 4.29×6.28

⓬ 7.36×6.41

자기 점수에 ○표 하세요

맞힌 개수	6개 이하	7~8개	9~10개	11~12개
학습 방법	개념을 다시 공부하세요.	조금 더 노력하세요.	실수하면 안 돼요.	참 잘했어요.

1보다 큰 소수의 곱셈

월	일
분	초
	/9

정답 42쪽

곱셈을 하세요.

❶ 6.6×7.1

❷ 4.9×3.9

❸ 15.7×1.6

❹ 3.72×5.3

❺ 6.84×1.7

❻ 3.61×4.3

❼ 7.6×4.18

❽ 1.31×1.79

❾ 9.35×5.44

자기 점수에 ○표 하세요

맞힌 개수	4개 이하	5~6개	7~8개	9개
학습 방법	개념을 다시 공부하세요.	조금 더 노력 하세요.	실수하면 안 돼요.	참 잘했어요.

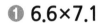

5일차 A형

1보다 큰 소수의 곱셈

월	일
분	초
	/12

곱셈을 하세요.

❶ 23.2×7.1

❷ 6.4×3.8

❸ 9.6×5.5

❹ 41.3×3.2

❺ 8.22×7.4

❻ 5.93×6.8

❼ 3.7×5.26

❽ 2.59×3.18

❾ 1.72×4.42

❿ 4.33×2.15

⓫ 8.16×5.31

⓬ 3.87×9.56

자기 점수에 ○표 하세요

맞힌 개수	6개 이하	7~8개	9~10개	11~12개
학습 방법	개념을 다시 공부하세요.	조금 더 노력 하세요.	실수하면 안 돼요.	참 잘했어요.

1보다 큰 소수의 곱셈

월 일
분 초
/9

정답 43쪽

곱셈을 하세요.

❶ 7.2×3.8

❷ 5.4×1.7

❸ 8.2×5.5

❹ 2.64×1.4

❺ 8.51×6.2

❻ 7.14×9.1

❼ 6.3×6.27

❽ 5.42×1.27

❾ 9.36×2.57

자기 점수에 ○표 하세요

맞힌 개수	4개 이하	5~6개	7~8개	9개
학습 방법	개념을 다시 공부하세요.	조금 더 노력하세요.	실수하면 안 돼요.	참 잘했어요.

099 단계 분수, 소수의 곱셈 종합

◆스스로 학습 관리표◆

정확하게 이해하면
속도도 빨라질 수 있어!

- 매일 맞힌 개수를 적고, 걸린 시간만큼 색칠해 보세요.
  (눈금 1칸은 1분이며, 초는 표의 상단에 적으세요.)
- 하루하루 지날수록 실력이 자라고, 계산 속도가 빨라지는 것을 눈으로 직접 확인할 수 있습니다.

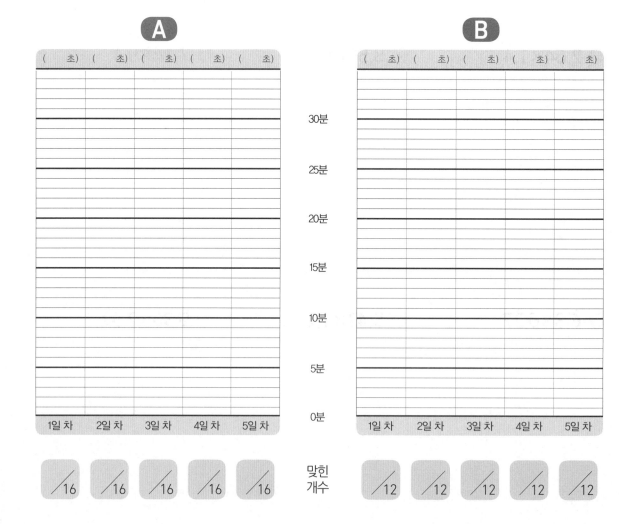

A

	1일 차	2일 차	3일 차	4일 차	5일 차
	(초)	(초)	(초)	(초)	(초)
30분					
25분					
20분					
15분					
10분					
5분					
0분					
맞힌 개수	/16	/16	/16	/16	/16

B

	1일 차	2일 차	3일 차	4일 차	5일 차
	(초)	(초)	(초)	(초)	(초)
30분					
25분					
20분					
15분					
10분					
5분					
0분					
맞힌 개수	/12	/12	/12	/12	/12

개념 포인트

(분수)×(분수)

분수끼리의 곱셈은 기본적으로 분자는 분자끼리, 분모는 분모끼리 곱해서 계산합니다. 만일 분수가 대분수라면 대분수를 가분수로 고쳐서 계산합니다. 이때 계산 결과는 반드시 기약분수로 나타내어야 하고 가분수로 나온 답은 대분수로 고쳐줍니다.

(소수)×(소수)

소수끼리의 곱셈은 자연수의 곱셈과 같이 계산한 다음 각 소수의 소수점 아래 수의 개수를 더한만큼 오른쪽 끝에서부터 세어 소수점을 찍어 주면 됩니다.
이때, 소수점 아래의 자릿수가 모자라면 0을 더 채운 다음 소수점을 찍어 주면 됩니다.

예시

앞에서 배운
내용들을 떠올려보자!

분수의 곱셈

$$1\frac{4}{5} \times 2\frac{2}{3} = \frac{\overset{3}{\cancel{9}}}{5} \times \frac{8}{\underset{1}{\cancel{3}}} = \frac{24}{5} = 4\frac{4}{5}$$

소수의 곱셈

			0.	0	7
×			0.	0	9
	0.	0	0	6	3

0을 더 채워 넣습니다.

지도
도우미

앞에서 배운 분수의 곱셈, 소수의 곱셈을 다시 복습하는 단계입니다. 분수의 곱셈은 계산한 후 반드시 기약분수로 나타내고, 대분수는 가분수로 고쳐서 계산합니다. 소수의 곱셈은 계산 후 소수점의 위치에 주의합니다. 이렇게 각각의 곱셈에서 주의할 점을 확실하게 기억하고 차근차근 계산할 수 있도록 지도해주세요.

1일차 A형

분수, 소수의 곱셈 종합

월 일
분 초
/16

대분수는 가분수로
고쳐서 계산해야 해

✎ 다음을 계산하여 기약분수로 나타내세요.

❶ $\frac{3}{8}\times4=$

❷ $\frac{6}{7}\times21=$

❸ $2\frac{1}{4}\times5=$

❹ $8\times3\frac{5}{12}=$

❺ $\frac{1}{6}\times\frac{1}{2}=$

❻ $\frac{1}{9}\times\frac{1}{7}=$

❼ $\frac{2}{11}\times\frac{3}{4}=$

❽ $\frac{5}{8}\times\frac{2}{15}=$

❾ $\frac{13}{7}\times\frac{21}{2}=$

❿ $\frac{22}{5}\times\frac{7}{4}=$

⓫ $1\frac{3}{11}\times2\frac{2}{7}=$

⓬ $3\frac{5}{12}\times4\frac{8}{25}=$

⓭ $\frac{3}{5}\times2\frac{1}{3}=$

⓮ $4\frac{4}{7}\times\frac{3}{20}=$

⓯ $\frac{1}{2}\times\frac{3}{5}\times\frac{20}{27}=$

⓰ $8\times\frac{2}{3}\times\frac{21}{32}=$

자기 점수에 ○표 하세요

맞힌 개수	8개 이하	9~12개	13~14개	15~16개
학습 방법	개념을 다시 공부하세요.	조금 더 노력 하세요.	실수하면 안 돼요.	참 잘했어요.

1일차 B형

분수, 소수의 곱셈 종합

월 일
분 초
/12

소수점 아래 자릿수가
모자라면 0을 더
채워 줘!

정답 44쪽

곱셈을 하세요.

❶ 0.2×0.4

❷ 0.25×0.04

❸ 1.48×0.9

❹ 0.27×3.6

❺ 1.9×4.8

❻ 5.1×1.2

❼ 0.32×0.23

❽ 3.5×0.17

❾ 0.034×2.4

❿ 2.02×2.8

⓫ 5.27×2.4

⓬ 2.13×3.41

자기 점수에 ○표 하세요

맞힌 개수	6개 이하	7~8개	9~10개	11~12개
학습 방법	개념을 다시 공부하세요.	조금 더 노력하세요.	실수하면 안 돼요.	참 잘했어요.

2일차 A형 분수, 소수의 곱셈 종합

월 일
분 초
/16

다음을 계산하여 기약분수로 나타내세요.

❶ $\frac{4}{7}\times5=$

❷ $\frac{5}{12}\times8=$

❸ $1\frac{2}{5}\times15=$

❹ $9\times2\frac{1}{6}=$

❺ $\frac{1}{4}\times\frac{1}{5}=$

❻ $\frac{1}{8}\times\frac{1}{6}=$

❼ $\frac{7}{16}\times\frac{4}{21}=$

❽ $\frac{2}{9}\times\frac{3}{10}=$

❾ $\frac{14}{5}\times\frac{8}{3}=$

❿ $\frac{25}{6}\times\frac{3}{2}=$

⓫ $2\frac{9}{13}\times2\frac{1}{15}=$

⓬ $5\frac{6}{35}\times1\frac{13}{15}=$

⓭ $\frac{5}{6}\times1\frac{12}{25}=$

⓮ $3\frac{7}{10}\times\frac{2}{21}=$

⓯ $\frac{5}{12}\times\frac{2}{5}\times\frac{3}{8}=$

⓰ $\frac{9}{14}\times21\times\frac{1}{3}=$

자기 점수에 ○표 하세요

맞힌 개수	8개 이하	9~12개	13~14개	15~16개
학습 방법	개념을 다시 공부하세요.	조금 더 노력하세요.	실수하면 안 돼요.	참 잘했어요.

분수, 소수의 곱셈 종합

월 일
분 초
/12

정답 45쪽

곱셈을 하세요.

❶ 0.7×0.3

❷ 0.25×0.06

❸ 1.37×0.6

❹ 0.43×3.8

❺ 3.7×2.6

❻ 5.4×2.8

❼ 0.17×0.56

❽ 2.4×0.36

❾ 0.068×3.7

❿ 3.58×7.4

⓫ 8.53×2.7

⓬ 1.47×2.26

자기 점수에 ○표 하세요

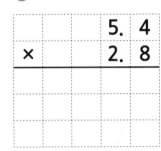

맞힌 개수	6개 이하	7~8개	9~10개	11~12개
학습 방법	개념을 다시 공부하세요.	조금 더 노력하세요.	실수하면 안 돼요.	참 잘했어요.

분수, 소수의 곱셈 종합

월 일
분 초
/16

다음을 계산하여 기약분수로 나타내세요.

❶ $\frac{17}{24}\times8=$

❷ $\frac{13}{15}\times35=$

❸ $5\frac{4}{9}\times21=$

❹ $8\times1\frac{3}{14}=$

❺ $\frac{1}{6}\times\frac{1}{3}=$

❻ $\frac{1}{9}\times\frac{1}{4}=$

❼ $\frac{5}{12}\times\frac{1}{20}=$

❽ $\frac{9}{16}\times\frac{8}{27}=$

❾ $\frac{11}{9}\times\frac{6}{5}=$

❿ $\frac{22}{3}\times\frac{27}{14}=$

⓫ $8\frac{1}{6}\times3\frac{9}{13}=$

⓬ $2\frac{5}{12}\times3\frac{3}{20}=$

⓭ $\frac{3}{4}\times2\frac{8}{15}=$

⓮ $4\frac{11}{12}\times\frac{6}{7}=$

⓯ $\frac{9}{16}\times\frac{2}{3}\times\frac{2}{5}=$

⓰ $\frac{7}{30}\times\frac{15}{28}\times8=$

자기 점수에 ○표 하세요

맞힌 개수	8개 이하	9~12개	13~14개	15~16개
학습 방법	개념을 다시 공부하세요.	조금 더 노력 하세요.	실수하면 안 돼요.	참 잘했어요.

분수, 소수의 곱셈 종합

월 일
분 초
/12

정답 46쪽

곱셈을 하세요.

❶

			0.	6
×			0.	7

❷

		0.	3	6
×		0.	0	7

❸

		2.	3	6
×			0.	7

❹

		0.	5	6
×			4.	7

❺

			6.	7
×			9.	2

❻

			3.	4
×			5.	7

❼

		0.	9	4
×		0.	1	8

❽

			2.	6
×		0.	7	7

❾

	0.	0	4	7
×			3.	4

❿

		1.	5	8
×			4.	3

⓫

		7.	8	3
×			1.	5

⓬

		4.	5	4
×		1.	8	2

자기 점수에 ○표 하세요

맞힌 개수	6개 이하	7~8개	9~10개	11~12개
학습 방법	개념을 다시 공부하세요.	조금 더 노력 하세요.	실수하면 안 돼요.	참 잘했어요.

4일차 A형 분수, 소수의 곱셈 종합

월	일
분	초
	/16

✎ 다음을 계산하여 기약분수로 나타내세요.

❶ $\frac{3}{8}\times5=$

❷ $\frac{9}{14}\times42=$

❸ $1\frac{11}{12}\times18=$

❹ $2\times3\frac{7}{16}=$

❺ $\frac{1}{12}\times\frac{1}{5}=$

❻ $\frac{1}{7}\times\frac{1}{7}=$

❼ $\frac{13}{24}\times\frac{10}{39}=$

❽ $\frac{15}{28}\times\frac{4}{5}=$

❾ $\frac{25}{8}\times\frac{28}{15}=$

❿ $\frac{35}{16}\times\frac{32}{7}=$

⓫ $2\frac{3}{10}\times1\frac{7}{12}=$

⓬ $4\frac{5}{18}\times3\frac{3}{20}=$

⓭ $\frac{6}{7}\times3\frac{11}{12}=$

⓮ $2\frac{11}{32}\times\frac{3}{10}=$

⓯ $12\times\frac{4}{15}\times\frac{5}{7}=$

⓰ $\frac{1}{12}\times\frac{5}{16}\times\frac{18}{25}=$

자기 점수에 ○표 하세요

맞힌 개수	8개 이하	9~12개	13~14개	15~16개
학습 방법	개념을 다시 공부하세요.	조금 더 노력하세요.	실수하면 안 돼요.	참 잘했어요.

분수, 소수의 곱셈 종합

월 일
분 초
/12

정답 47쪽

곱셈을 하세요.

❶ 0.9×0.4

❷ 0.53×0.04

❸ 2.87×0.3

❹ 0.92×4.7

❺ 5.9×6.2

❻ 4.3×8.7

❼ 0.86×0.47

❽ 3.7×0.26

❾ 0.057×2.8

❿ 4.36×1.6

⓫ 5.76×2.7

⓬ 2.94×2.37

자기 점수에 ○표 하세요

맞힌 개수	6개 이하	7~8개	9~10개	11~12개
학습 방법	개념을 다시 공부하세요.	조금 더 노력하세요.	실수하면 안 돼요.	참 잘했어요.

분수, 소수의 곱셈 종합

월	일
분	초
	/16

다음을 계산하여 기약분수로 나타내세요.

❶ $\frac{2}{15}\times35=$

❷ $\frac{17}{20}\times8=$

❸ $2\frac{5}{16}\times24=$

❹ $12\times5\frac{23}{30}=$

❺ $\frac{1}{6}\times\frac{1}{16}=$

❻ $\frac{1}{12}\times\frac{1}{15}=$

❼ $\frac{3}{8}\times\frac{4}{9}=$

❽ $\frac{25}{36}\times\frac{8}{15}=$

❾ $\frac{19}{4}\times\frac{10}{7}=$

❿ $\frac{27}{10}\times\frac{25}{18}=$

⓫ $1\frac{17}{100}\times1\frac{13}{15}=$

⓬ $2\frac{2}{9}\times9\frac{15}{16}=$

⓭ $\frac{8}{21}\times2\frac{3}{20}=$

⓮ $2\frac{3}{28}\times\frac{7}{15}=$

⓯ $\frac{1}{6}\times\frac{3}{20}\times\frac{8}{11}=$

⓰ $\frac{5}{24}\times\frac{21}{10}\times\frac{4}{9}=$

자기 점수에 ○표 하세요

맞힌 개수	8개 이하	9~12개	13~14개	15~16개
학습 방법	개념을 다시 공부하세요.	조금 더 노력하세요.	실수하면 안 돼요.	참 잘했어요.

분수, 소수의 곱셈 종합

월 일
분 초
/12

정답 48쪽

곱셈을 하세요.

❶ 0.6×0.7

❷ 0.92×0.07

❸ 2.35×0.7

❹ 0.72×1.8

❺ 2.3×6.7

❻ 3.2×4.7

❼ 0.57×0.36

❽ 5.8×0.24

❾ 0.074×1.7

❿ 5.43×7.3

⓫ 6.18×2.5

⓬ 2.42×3.37

자기 점수에 ○표 하세요

맞힌 개수	6개 이하	7~8개	9~10개	11~12개
학습 방법	개념을 다시 공부하세요.	조금 더 노력 하세요.	실수하면 안 돼요.	참 잘했어요.

세 단계 묶어 풀기 097 ~ 099단계
소수의 곱셈, 분수와 소수의 곱셈 종합

월 일
분 초
/10

정답 49쪽

곱셈을 하세요.

❶ 0.4×0.65

❷ 0.27×0.36

❸ 0.48×0.19

❹ 5.1×4.9

❺ 2.37×1.4

❻ 1.88×3.2

다음을 계산하여 기약분수로 나타내세요.

❼ $\frac{5}{12}\times9=$

❽ $2\frac{3}{4}\times6=$

❾ $\frac{7}{8}\times\frac{12}{15}=$

❿ $1\frac{5}{6}\times2\frac{4}{7}=$

곰곰이
생각해 봐!

창의력 쑥쑥! 수학 퀴즈

다음은 곱셈구구를 계산하는 표입니다.
계산 결과는 여러분이 다 알고 있을 거라
생각하고 적지 않았습니다.
굵은 테두리 안의 수 81개를
모두 더하면 얼마일까요?

×	1	2	3	4	5	6	7	8	9
1									
2									
3									
4									
5									
6									
7									
8									
9									

답 어떤 친구는 곱셈구구 표를 채운 다음, 숫자 하나하나를 더하려고 했을 거예요. 어떤 친구는 한 줄씩 계산한 다음 더하려고 했을지도 모르겠네요. 모두 좋은 방법이에요. 그런데 또 다른 방법은 없을까요? 여기 새로운 방법을 하나 소개할게요. 다음 그림을 볼까요?

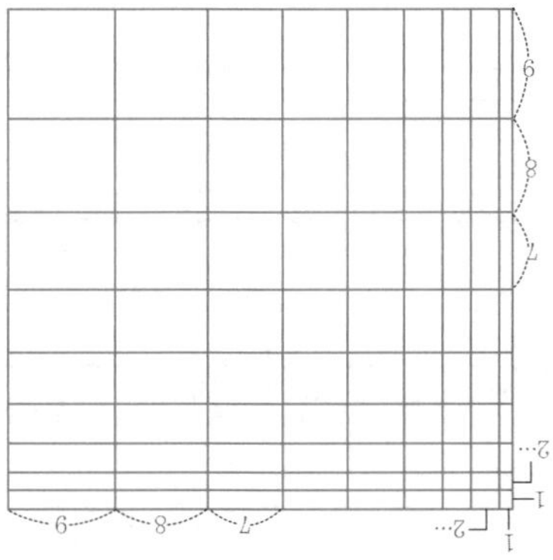

81개의 작은 직사각형들이 모여서 큰 정사각형을 이루고 있네요. 작은 직사각형들의 넓이는 곱셈구구 계산표 안의 수와 같습니다. 81개 직사각형의 넓이를 한 번에 더하려면 어떻게 하면 될까 생각하면 문제를 쉽게 해결할 수 있습니다. 81개 직사각형의 넓이를 각각 구해 더하는 대신, 전체 큰 정사각형의 넓이를 구하면 되지요. 큰 정사각형의 한 변의 길이는 (1+2+……+8+9)=45이므로 그 넓이는 45×45=2025입니다. 수를 계산하는 대신 도형으로 바꾸어 생각했더니 계산이 쉬워지네요!

100 단계 계산의 활용-평균

◆스스로 학습 관리표◆

정확하게 이해하면
속도도 빨라질 수 있어!

- 매일 맞힌 개수를 적고, 걸린 시간만큼 색칠해 보세요. (눈금 1칸은 1분이며, 초는 표의 상단에 적으세요.)
- 하루하루 지날수록 실력이 자라고, 계산 속도가 빨라지는 것을 눈으로 직접 확인할 수 있습니다.

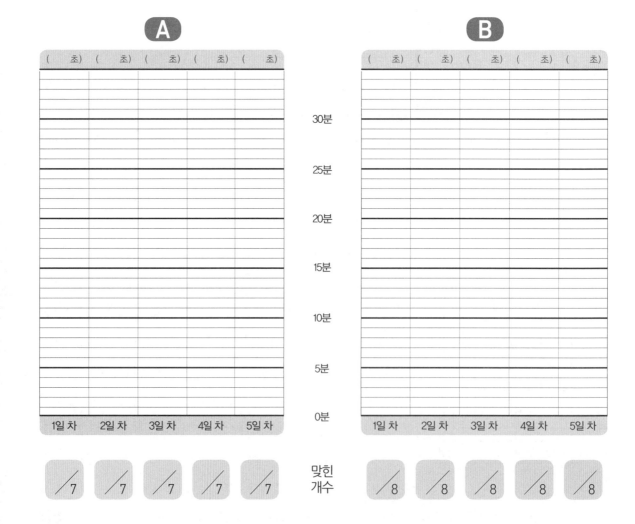

A

(초)	(초)	(초)	(초)	(초)
1일 차	2일 차	3일 차	4일 차	5일 차

B

(초)	(초)	(초)	(초)	(초)
1일 차	2일 차	3일 차	4일 차	5일 차

30분 25분 20분 15분 10분 5분 0분

	A						B				
맞힌 개수	/7	/7	/7	/7	/7		/8	/8	/8	/8	/8

개념 포인트

평균

각 자료의 값을 모두 더하여 자료의 수로 나눈 값을 평균이라고 합니다.

(평균)=(자료 값의 합)÷(자료의 수)

$=\dfrac{(\text{자료 값의 합})}{(\text{자료의 수})}$

평균 구하기

① 각 자료의 값을 모두 더합니다.

② 구한 합계를 자료의 수로 나눕니다.

(5, 6, 4, 5, 10의 평균 구하기) $=\dfrac{5+6+4+5+10}{5}=\dfrac{30}{5}=6$

예시

평균 구하기

(2, 2, 6, 7, 3, 4의 평균 구하기) $=\dfrac{2+2+6+7+3+4}{6}=\dfrac{24}{6}=4$

지도 도우미

이번에는 계산을 좀 더 활용할 수 있는 내용을 공부해 봅니다. 평균은 여러 다양한 자료의 값들이 있을 때 전체적인 상태를 대표하기 위해 주로 사용되는 방법입니다. 학생들이 평균을 구할 때 무엇이 자료의 값이고 자료의 수가 몇 개인지를 확실하게 구분하고 계산할 수 있도록 지도해 주세요. 평균은 이후 중학교 올라가서도 다시 배우는 내용입니다. 이번 단계에서 기본적인 평균을 계산하는 방법을 확실하게 이해합시다.

1일차 A형 계산의 활용-평균

월	일
분	초
	/7

모든 자료의 합부터
구해봐

✎ 주어진 자료의 평균을 구하세요.

❶ 7, 2, 5, 3, 4, 9의 평균 ⇨ $\dfrac{7+\square+5+3+\square+9}{6}=\dfrac{\square}{6}=\square$

❷ 2, 8, 1, 3, 6의 평균 ⇨ $\dfrac{\square+8+1+3+\square}{5}=\dfrac{\square}{5}=\square$

❸ 9, 7, 2, 4, 8, 6의 평균 ⇨ $\dfrac{9+7+\square+\square+8+\square}{6}=\dfrac{\square}{6}=\square$

❹ 3, 12, 8, 5의 평균 ⇨ $\dfrac{3+12+\square+\square}{4}=\dfrac{\square}{4}=\square$

❺ 6, 2, 7, 3, 4, 2의 평균 ⇨ $\dfrac{\square+2+7+3+\square+\square}{6}=\dfrac{\square}{6}=\square$

❻ 8, 9, 4의 평균 ⇨ $\dfrac{8+9+\square}{3}=\dfrac{\square}{\square}=\square$

❼ 3, 2, 6, 9, 5의 평균 ⇨ $\dfrac{\square+\square+\square+\square+\square}{\square}=\dfrac{\square}{5}=\square$

자기 점수에 ○표 하세요

맞힌 개수	3개 이하	4~5개	6개	7개
학습 방법	개념을 다시 공부하세요.	조금 더 노력하세요.	실수하면 안 돼요.	참 잘했어요.

1일차 B형 계산의 활용-평균

월	일
분	초
	/8

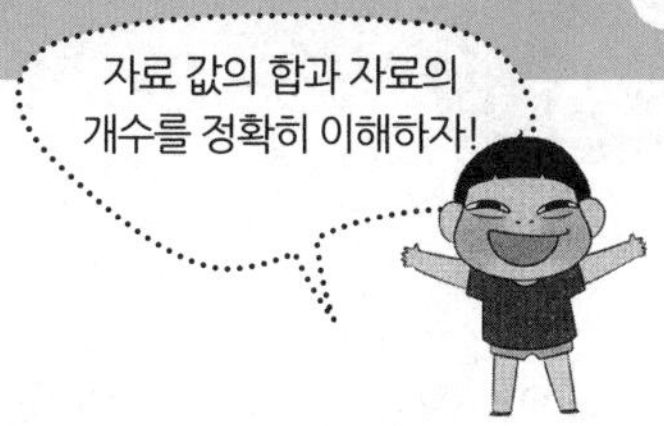
자료 값의 합과 자료의
개수를 정확히 이해하자!

정답 50쪽

✎ 주어진 자료의 평균을 구하세요.

❶ 6, 2, 7, 5의 평균 ⇨

❷ 9, 6, 3, 4, 4, 4의 평균 ⇨

❸ 1, 2, 3, 3, 5, 7, 6, 8, 10의 평균 ⇨

❹ 2, 6, 7, 5, 3, 1의 평균 ⇨

❺ 9, 9, 4, 6, 3, 8, 3의 평균 ⇨

❻ 8, 12, 11, 5, 9의 평균 ⇨

❼ 22, 3, 3, 6, 11의 평균 ⇨

❽ 5, 10, 6, 3의 평균 ⇨

자기 점수에 ○표 하세요

맞힌 개수	4개 이하	5~6개	7개	8개
학습 방법	개념을 다시 공부하세요.	조금 더 노력하세요.	실수하면 안 돼요.	참 잘했어요.

계산의 활용-평균

월	일
분	초
	/7

✎ 주어진 자료의 평균을 구하세요.

❶ 8. 7, 9, 6, 5의 평균 ⇨ $\frac{8+\square+9+6+\square}{5}=\frac{\square}{5}=\square$

❷ 5, 3, 8, 4의 평균 ⇨ $\frac{\square+3+\square+4}{4}=\frac{\square}{4}=\square$

❸ 7, 13, 9, 2, 4의 평균 ⇨ $\frac{7+13+\square+\square+4}{5}=\frac{\square}{5}=\square$

❹ 12, 8, 5, 4, 3, 16의 평균 ⇨ $\frac{\square+\square+5+\square+3+\square}{6}=\frac{\square}{6}=\square$

❺ 5, 5, 6, 8의 평균 ⇨ $\frac{5+\square+\square+\square}{4}=\frac{\square}{4}=\square$

❻ 7, 15, 8, 10, 5의 평균 ⇨ $\frac{7+\square+\square+10+\square}{\square}=\frac{\square}{\square}=\square$

❼ 5, 11, 12, 4의 평균 ⇨ $\frac{\square+\square+\square+\square}{\square}=\frac{\square}{\square}=\square$

자기 점수에 ○표 하세요

맞힌 개수	3개 이하	4~5개	6개	7개
학습 방법	개념을 다시 공부하세요.	조금 더 노력하세요.	실수하면 안 돼요.	참 잘했어요.

계산의 활용-평균

월 일
분 초
/8

정답 51쪽

주어진 자료의 평균을 구하세요.

❶ 10, 10, 20, 30, 50의 평균 ⇨

❷ 9, 2, 5, 5, 8, 7의 평균 ⇨

❸ 7, 7, 8, 9, 9의 평균 ⇨

❹ 12, 10, 9, 5, 4의 평균 ⇨

❺ 6, 3, 6, 3, 12의 평균 ⇨

❻ 15, 21, 24의 평균 ⇨

❼ 9, 10, 10, 7의 평균 ⇨

❽ 16, 12, 6, 7, 9의 평균 ⇨

자기 점수에 ○표 하세요

맞힌 개수	4개 이하	5~6개	7개	8개
학습 방법	개념을 다시 공부하세요.	조금 더 노력하세요.	실수하면 안 돼요.	참 잘했어요.

계산의 활용-평균

월	일
분	초
	/7

✎ 주어진 자료의 평균을 구하세요.

❶ 2, 10, 4, 6, 3의 평균 ⇨ $\frac{2+\square+4+6+\square}{5}=\frac{\square}{5}=\square$

❷ 1, 1, 8, 9, 14, 15의 평균 ⇨ $\frac{1+1+8+\square+14+\square}{6}=\frac{\square}{6}=\square$

❸ 6, 8, 13, 9의 평균 ⇨ $\frac{6+\square+13+\square}{4}=\frac{\square}{4}=\square$

❹ 2, 2, 4, 6, 8, 5, 8의 평균 ⇨ $\frac{2+\square+\square+6+\square+5+\square}{7}=\frac{\square}{7}=\square$

❺ 5, 8, 16, 17, 4의 평균 ⇨ $\frac{5+\square+\square+\square+4}{5}=\frac{\square}{5}=\square$

❻ 7, 4, 9, 9, 1의 평균 ⇨ $\frac{7+\square+\square+9+\square}{\square}=\frac{\square}{\square}=\square$

❼ 3, 1, 5, 10, 3, 2의 평균 ⇨ $\frac{\square+\square+\square+\square+\square+\square}{\square}=\frac{\square}{\square}=\square$

자기 점수에 ○표 하세요

맞힌 개수	3개 이하	4~5개	6개	7개
학습 방법	개념을 다시 공부하세요.	조금 더 노력하세요.	실수하면 안 돼요.	참 잘했어요.

계산의 활용-평균

월	일
분	초
	/8

정답 52쪽

주어진 자료의 평균을 구하세요.

❶ 9, 9, 9, 9, 9의 평균 ⇨

❷ 1, 3, 4, 9, 11, 8의 평균 ⇨

❸ 5, 4, 3, 2, 7, 3의 평균 ⇨

❹ 8, 13, 16, 11, 2의 평균 ⇨

❺ 21, 14, 4, 5의 평균 ⇨

❻ 3, 4, 8, 11, 16, 12의 평균 ⇨

❼ 7, 11, 6, 14, 7의 평균 ⇨

❽ 6, 9, 6, 9, 5의 평균 ⇨

자기 점수에 ○표 하세요

맞힌 개수	4개 이하	5~6개	7개	8개
학습 방법	개념을 다시 공부하세요.	조금 더 노력하세요.	실수하면 안 돼요.	참 잘했어요.

계산의 활용-평균

월	일
분	초
	/7

주어진 자료의 평균을 구하세요.

❶ 3, 1, 5, 9, 8, 4의 평균 ⇨ $\frac{3+\square+5+9+8+\square}{6}=\frac{\square}{6}=\square$

❷ 7, 11, 19, 6, 7의 평균 ⇨ $\frac{\square+11+19+\square+\square}{5}=\frac{\square}{5}=\square$

❸ 12, 12, 16, 16의 평균 ⇨ $\frac{12+\square+16+\square}{4}=\frac{\square}{4}=\square$

❹ 5, 4, 3, 9, 12, 3의 평균 ⇨ $\frac{5+\square+3+\square+12+\square}{6}=\frac{\square}{6}=\square$

❺ 8, 13, 16, 15, 18의 평균 ⇨ $\frac{8+\square+\square+\square+18}{5}=\frac{\square}{5}=\square$

❻ 10, 15, 4, 9, 7의 평균 ⇨ $\frac{10+\square+\square+9+\square}{\square}=\frac{\square}{\square}=\square$

❼ 2, 7, 10, 13, 15, 7의 평균 ⇨ $\frac{\square+\square+\square+\square+\square+\square}{\square}=\frac{\square}{\square}=\square$

자기 점수에 ○표 하세요

맞힌 개수	3개 이하	4~5개	6개	7개
학습 방법	개념을 다시 공부하세요.	조금 더 노력하세요.	실수하면 안 돼요.	참 잘했어요.

계산의 활용-평균

월 일
분 초
/8

정답 53쪽

주어진 자료의 평균을 구하세요.

❶ 12, 10, 10, 8의 평균 ⇨

❷ 9, 6, 8, 10, 15, 6의 평균 ⇨

❸ 21, 22, 15, 17, 10의 평균 ⇨

❹ 3, 5, 9, 11, 5, 2, 7의 평균 ⇨

❺ 11, 12, 14, 8, 5의 평균 ⇨

❻ 8, 17, 6, 5의 평균 ⇨

❼ 25, 21, 17의 평균 ⇨

❽ 8, 9, 13, 5, 4, 15의 평균 ⇨

자기 점수에 ○표 하세요

맞힌 개수	4개 이하	5~6개	7개	8개
학습 방법	개념을 다시 공부하세요.	조금 더 노력하세요.	실수하면 안 돼요.	참 잘했어요.

5일차 A형

계산의 활용-평균

월	일
분	초
	/7

✎ 주어진 자료의 평균을 구하세요.

❶ 20, 21, 15, 14, 15의 평균 ⇨ $\frac{20+\square+15+14+\square}{5}=\frac{\square}{5}=\square$

❷ 6, 12, 11, 7, 3, 9의 평균 ⇨ $\frac{\square+12+11+\square+\square+\square}{6}=\frac{\square}{6}=\square$

❸ 24, 12, 19, 5의 평균 ⇨ $\frac{24+\square+19+\square}{4}=\frac{\square}{4}=\square$

❹ 16, 20, 8, 15, 11의 평균 ⇨ $\frac{16+\square+8+\square+11}{5}=\frac{\square}{5}=\square$

❺ 7, 8, 13, 12, 15의 평균 ⇨ $\frac{7+8+\square+\square+\square}{5}=\frac{\square}{5}=\square$

❻ 2, 3, 7, 12, 4, 8의 평균 ⇨ $\frac{2+\square+\square+\square+\square+8}{\square}=\frac{\square}{\square}=\square$

❼ 1, 4, 6, 9, 15의 평균 ⇨ $\frac{\square+\square+\square+\square+\square}{\square}=\frac{\square}{\square}=\square$

자기 점수에 ○표 하세요

맞힌 개수	3개 이하	4~5개	6개	7개
학습 방법	개념을 다시 공부하세요.	조금 더 노력하세요.	실수하면 안 돼요.	참 잘했어요.

계산의 활용-평균

월 일
분 초
/8

정답 54쪽

주어진 자료의 평균을 구하세요.

❶ 50, 30, 25, 15, 5의 평균 ⇨

❷ 8, 7, 6, 7, 9, 5의 평균 ⇨

❸ 19, 2, 11, 13, 10의 평균 ⇨

❹ 1, 2, 2, 2, 3, 4, 5, 5의 평균 ⇨

❺ 9, 5, 7, 1, 1, 1의 평균 ⇨

❻ 7, 18, 6, 13의 평균 ⇨

❼ 10, 4, 5, 2, 9의 평균 ⇨

❽ 4, 7, 14, 18, 22의 평균 ⇨

자기 점수에 ○표 하세요

맞힌 개수	4개 이하	5~6개	7개	8개
학습 방법	개념을 다시 공부하세요.	조금 더 노력하세요.	실수하면 안 돼요.	참 잘했어요.

전체 묶어 풀기 091 ~ 100 단계
분수의 곱셈 · 분수와 소수의 관계 · 소수의 곱셈

월 일
분 초
/13

정답 55쪽

다음을 계산하여 기약분수로 나타내세요.

❶ $2\times1\frac{4}{7}=$

❷ $\frac{5}{16}\times\frac{24}{25}=$

❸ $1\frac{2}{3}\times2\frac{7}{10}=$

❹ $\frac{2}{3}\times\frac{4}{7}\times1\frac{1}{6}=$

분수를 소수로, 소수를 기약분수로 나타내세요.

❺ $\frac{109}{200}=$

❻ $2\frac{8}{1000}=$

❼ $1\frac{3}{8}=$

❽ 2.76=

❾ 1.025=

❿ 2.498=

곱셈을 하세요.

⓫

	0.	4	2
×			3

⓬

		0.	2	3
×		0.	6	5

⓭

		1	2.	6
×		7.	4	9

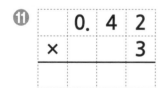

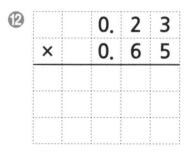

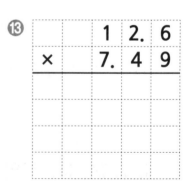

창의력 쑥쑥! 수학 퀴즈

곰곰이
생각해 봐!

간단하지만 재미있는 문제 2개를 소개합니다.

1. 준영이 아버지의 사무실은 6층에 있습니다. 건물 각 층의 높이는 같다고 했을 때, 준영이가 6층까지 올라가는 데에 걸리는 시간은 3층까지 올라가는 시간의 몇 배일까요?

2. 시계가 6시를 가리킬 때 5초 동안 종이 쳤다면 12시를 가리킬 때는 몇 초 동안 종이 칠까요?

답 이 문제들의 답을 어떻게 찾았나요? 혹시 1번의 답은 2배, 2번은 10초라고 생각한 친구 있나요? 그런 친구들은 한번만 더 생각해보고 아래 해설을 보도록 하세요.

1번 문제에서 어디에서 올라가는지 안 나왔지만, 일단은 1층에서 올라간다고 합시다. 계산을 쉽게 하기 위해 하나의 층을 올라가는 데 1초가 걸린다고 합시다. 그러면 1층에서 3층까지 가는 데에는 1층에서 2층으로 갈 때 1초, 2층에서 3층으로 갈 때 또 1초, 총 2초가 걸립니다. 1층에서 6층까지 가는 데에는 1층에서 2층, 2층에서 3층, 3층에서 4층, 4층에서 5층, 5층에서 6층까지 총 5초가 걸립니다. 그러니까 6층까지 올라가는 데에 걸리는 시간은 3층까지 올라가는 시간의 $\frac{5}{2}$배, 즉 2.5배가 걸립니다.

2번 문제도 비슷하게 풀 수 있습니다. 그림을 그려서 풀어 볼까요?

1초	2초	3초	4초	5초

1번 2번 3번 4번 5번 6번

종이 한 번 치고 나서 다음 번 종이 칠 때까지 1초가 지나는 것이니, 6시를 알리는 첫 번째 종이 친 다음 다섯 번 더 종이 치면 됩니다. 그러니까 여섯 번 종이 치는 동안 5초가 흐르는 것입니다.

12시를 가리킬 때는 첫 번째 종이 친 다음, 11번 종이 치면 되니까 11초가 걸립니다. 문제를 풀 때는 눈에 보이는 숫자만으로 계산하려고 하면 틀린 답을 내기 쉽습니다. 문제에서 이야기하는 상황이 어떤 것인지 차분하게 생각하는 습관을 기르도록 하세요. 바로 이것이 수학을 공부하는 이유랍니다.

우와~ 벌써 한 권을 다 풀었어요!
실력과 성적이 쑥쑥 올라가는 소리 들리죠?

《계산의 신》 11권에서는 분수의 나눗셈과 소수의 나눗셈을 배울 거예요. 그동안 분수와 소수의 덧셈, 뺄셈, 곱셈을 잘 이해하였다면 나눗셈도 잘 할 수 있을 거라 믿어요! 그럼 11권 공부를 시작해 볼까요?^^

친구들,
《계산의 신》 11권에서
만나요~

개발 책임 이운영
편집 관리 이채원
디자인 이현지 임성자
온라인 강진식
마케팅 박진용
관리 장희정
용지 영지페이퍼
인쇄 제본 벽호·GKC
유통 북앤북

학부모 체험단의 교재 Review

강현아 (서울_신중초) **김명진** (서울_신도초) **김정선** (원주_문막초) **김진영** (서울_백운초)
나현경 (인천_원당초) **방윤정** (서울_강서초) **안조혁** (전주_온빛초) **오정화** (광주_양산초)
이향숙 (서울_금양초) **이혜선** (서울_홍파초) **전예원** (서울_금양초)

♥ <계산의 신>은 초등학교 학생들의 기본 계산력을 향상시킬 수 있는 최적의 교재입니다. 처음에는 반복 계산이 많아 아이가 지루해하고 계산 실수를 많이 하는 것 같았는데, 점점 계산 속도가 빨라지고 실수도 확연히 줄어 아주 좋았어요.^^

- 서울 서초구 신중초등학교 학부모 강현아

♥ 우리 아이는 수학을 싫어해서 수학 문제집을 좀처럼 풀지 않으려 했는데, 의외로 <계산의 신>은 하루에 2쪽씩 꾸준히 푸네요. 너무 신기하고 뿌듯하여 아이에게 물었더니 "이 책은 숫자만 있어서 쉬운 것 같고, 빨리빨리 풀 수 있어서 좋아요." 라고 하네요. 요즘은 일반 문제집도 집중하여 잘 푸는 것 같아 기특합니다.^^ <계산의 신>은 우리 아이에게 수학에 대한 흥미와 재미를 주는 고마운 책입니다.

- 전주 덕진구 온빛초등학교 학부모 안조혁

♥ 초등 3학년인 우리 아이는 수학을 잘하는 편은 아니지만 제 나름대로 하루에 4~6쪽을 풀었어요. 그러면서 "엄마, 이 책 다 풀고 책 제목처럼 계산의 신이 될 거예요~" 하며 능청떠는 아이의 모습이 정말 예쁘고 대견하네요. <계산의 신>이 비록 계산력을 연습시키는 쉬운 교재이지만 이 교재로 인해 우리 아이가 수학에 관심을 갖고, 앞으로도 수학을 계속 좋아했으면 하는 바람입니다.

- 광주 북구 양산초등학교 학부모 오정화

♥ <계산의 신>은 학부모의 마음까지 헤아려 만든 좋은 책인 것 같아요. 아이가 평소 '시간의 합과 차'를 어려워하여 걱정을 많이 했었는데, <계산의 신>은 그 부분까지 상세하게 다루고 있어 무척 좋았어요. 학생들이 힘들어하는 부분까지 세심하게 파악하여 만든 문제집이라고 생각해요.

- 서울 용산구 금양초등학교 학부모 이향숙

《계산의 신》은

★ 최신 교육과정에 맞춘 단계별 계산 프로그램으로 계산법 완벽 습득
★ '단계별 묶어 풀기', '전체 묶어 풀기'로 체계적 복습까지 한 번에!
★ 좌뇌와 우뇌를 고르게 계발하는 수학 이야기와 수학 퀴즈로 창의성 쑥쑥!

아이들이 수학 문제를 풀 때 자꾸 실수하는 이유는 바로 계산력이 부족하기 때문입니다.
계산 문제에서 실수를 줄이면 점수가 오르고, 점수가 오르면 수학에 자신감이 생깁니다.
아이들에게 《계산의 신》으로 수학의 재미와 자신감을 심어 주세요.

	《계산의 신》 권별 핵심 내용		
초등 1학년	1권	자연수의 덧셈과 뺄셈 기본(1)	합과 차가 9까지인 덧셈과 뺄셈 받아올림/내림이 없는 (두 자리 수)±(한 자리 수)
	2권	자연수의 덧셈과 뺄셈 기본(2)	받아올림/내림이 없는 (두 자리 수)±(두 자리 수) 받아올림/내림이 있는 (한/두 자리 수)±(한 자리 수)
초등 2학년	3권	자연수의 덧셈과 뺄셈 발전	(두 자리 수)±(한 자리 수) (두 자리 수)±(두 자리 수)
	4권	네 자리 수/곱셈구구	네 자리 수 곱셈구구
초등 3학년	5권	자연수의 덧셈과 뺄셈/곱셈과 나눗셈	(세 자리 수)±(세 자리 수), (두 자리 수)×(한 자리 수) 곱셈구구 범위에서의 나눗셈
	6권	자연수의 곱셈과 나눗셈 발전	(세 자리 수)×(한 자리 수), (두 자리 수)×(두 자리 수) (두/세 자리 수)÷(한 자리 수)
초등 4학년	7권	자연수의 곱셈과 나눗셈 심화	(세 자리 수)×(두 자리 수) (두/세 자리 수)÷(두 자리 수)
	8권	분수와 소수의 덧셈과 뺄셈 기본	분모가 같은 분수의 덧셈과 뺄셈 소수의 덧셈과 뺄셈
초등 5학년	9권	자연수의 혼합 계산/분수의 덧셈과 뺄셈	자연수의 혼합 계산, 약수와 배수, 약분과 통분 분모가 다른 분수의 덧셈과 뺄셈
	10권	분수와 소수의 곱셈	(분수)×(자연수), (분수)×(분수) (소수)×(자연수), (소수)×(소수)
초등 6학년	11권	분수와 소수의 나눗셈 기본	(분수)÷(자연수), (소수)÷(자연수) (자연수)÷(자연수)
	12권	분수와 소수의 나눗셈 발전	(분수)÷(분수), (자연수)÷(분수), (소수)÷(소수), (자연수)÷(소수), 비례식과 비례배분

KAIST 출신 수학 선생님들이 집필한

계산의 신 神

송명진·박종하 지음

10 초등 · 5-2

분수와 소수의 곱셈

정답 및 풀이

KAIST 출신 수학 선생님들이 집필한

계산의 신 神

송명진·박종하 지음

10 초등 5학년 2학기

정답 및 풀이

1일차 A형 분수와 자연수의 곱셈

월 일
분 초
/16

약분이 가능한 경우
미리 해 두면, 계산이
쉬워져!

다음을 계산하여 기약분수로 나타내세요.

❶ $\frac{3}{4}\times3=2\frac{1}{4}$

❷ $\frac{5}{6}\times13=10\frac{5}{6}$

$\frac{5}{6}\times13=\frac{65}{6}=10\frac{5}{6}$

❸ $\frac{1}{3}\times9=3$

❹ $\frac{5}{14}\times7=2\frac{1}{2}$

❺ $\frac{4}{9}\times3=1\frac{1}{3}$

❻ $\frac{3}{8}\times16=6$

❼ $\frac{5}{12}\times18=7\frac{1}{2}$

$\frac{5}{12}\times18=\frac{15}{2}=7\frac{1}{2}$

❽ $\frac{5}{17}\times34=10$

❾ $1\frac{3}{4}\times5=8\frac{3}{4}$

$\frac{7}{4}\times5=\frac{35}{4}=8\frac{3}{4}$

❿ $2\frac{1}{5}\times10=22$

$\frac{11}{5}\times10=22$

⓫ $3\frac{2}{5}\times2=6\frac{4}{5}$

$\frac{17}{5}\times2=\frac{34}{5}=6\frac{4}{5}$

⓬ $1\frac{3}{10}\times4=5\frac{1}{5}$

$\frac{13}{10}\times4=\frac{26}{5}=5\frac{1}{5}$

⓭ $3\frac{5}{8}\times12=43\frac{1}{2}$

$\frac{29}{8}\times12=\frac{87}{2}=43\frac{1}{2}$

⓮ $4\frac{1}{6}\times3=12\frac{1}{2}$

$\frac{25}{6}\times3=\frac{25}{2}=12\frac{1}{2}$

⓯ $3\frac{2}{7}\times7=23$

$\frac{23}{7}\times7=23$

⓰ $8\frac{5}{8}\times4=34\frac{1}{2}$

$\frac{69}{8}\times4=\frac{69}{2}=34\frac{1}{2}$

자기 점수에 ○표 하세요.

맞힌 개수	8개 이하	9~12개	13~14개	15~16개
학습 방법	개념을 다시 공부하세요.	조금 더 노력하세요.	실수하면 안 돼요.	참 잘했어요.

1일차 B형 분수와 자연수의 곱셈

월 일
분 초
/16

분모가 클수록
미리 약분하기!

정답 2쪽

다음을 계산하여 기약분수로 나타내세요.

❶ $5\times\frac{1}{4}=1\frac{1}{4}$

❷ $5\times\frac{2}{15}=\frac{2}{3}$

❸ $21\times\frac{2}{3}=14$

❹ $24\times\frac{5}{6}=20$

❺ $12\times\frac{4}{9}=5\frac{1}{3}$

$12\times\frac{4}{9}=\frac{16}{3}=5\frac{1}{3}$

❻ $8\times\frac{5}{12}=3\frac{1}{3}$

$8\times\frac{5}{12}=\frac{10}{3}=3\frac{1}{3}$

❼ $10\times\frac{5}{6}=8\frac{1}{3}$

$10\times\frac{5}{6}=\frac{25}{3}=8\frac{1}{3}$

❽ $21\times\frac{5}{14}=7\frac{1}{2}$

$21\times\frac{5}{14}=\frac{15}{2}=7\frac{1}{2}$

❾ $4\times2\frac{1}{6}=8\frac{2}{3}$

$4\times2\frac{1}{6}=4\times\frac{13}{6}=\frac{26}{3}=8\frac{2}{3}$

❿ $8\times1\frac{3}{4}=14$

$8\times1\frac{3}{4}=8\times\frac{7}{4}=14$

⓫ $10\times3\frac{1}{5}=32$

$10\times3\frac{1}{5}=10\times\frac{16}{5}=32$

⓬ $4\times1\frac{5}{8}=6\frac{1}{2}$

$4\times1\frac{5}{8}=4\times\frac{13}{8}=\frac{13}{2}=6\frac{1}{2}$

⓭ $2\times5\frac{1}{3}=10\frac{2}{3}$

$2\times5\frac{1}{3}=2\times\frac{16}{3}=\frac{32}{3}=10\frac{2}{3}$

⓮ $9\times3\frac{5}{6}=34\frac{1}{2}$

$9\times3\frac{5}{6}=9\times\frac{23}{6}=\frac{69}{2}=34\frac{1}{2}$

⓯ $30\times\frac{7}{36}=5\frac{5}{6}$

$30\times\frac{7}{36}=\frac{35}{6}=5\frac{5}{6}$

⓰ $35\times1\frac{5}{28}=41\frac{1}{4}$

$35\times1\frac{5}{28}=35\times\frac{33}{28}=\frac{165}{4}=41\frac{1}{4}$

자기 점수에 ○표 하세요.

맞힌 개수	8개 이하	9~12개	13~14개	15~16개
학습 방법	개념을 다시 공부하세요.	조금 더 노력하세요.	실수하면 안 돼요.	참 잘했어요.

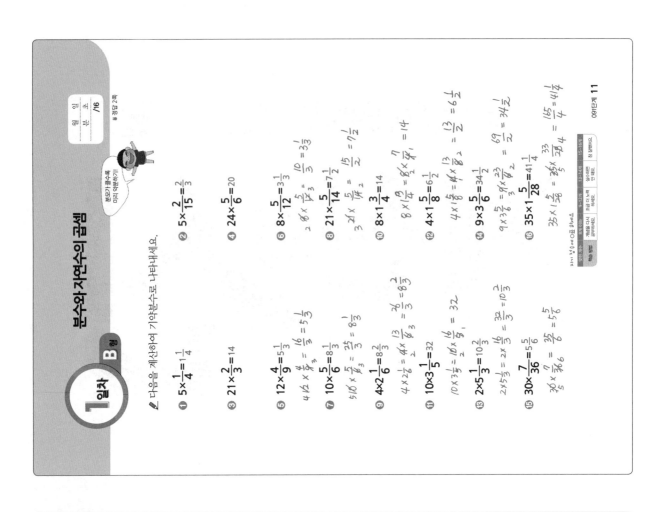

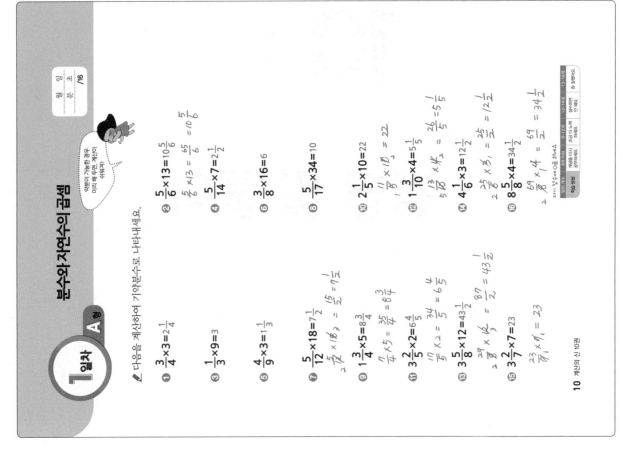

2일차 A형

분수와 자연수의 곱셈

월 일
분 초
/16

✎ 다음을 계산하여 기약분수로 나타내세요.

❶ $\frac{3}{5}\times15=9$

❷ $\frac{4}{7}\times8=4\frac{4}{7}$

❸ $\frac{2}{5}\times16=6\frac{2}{5}$

❹ $\frac{6}{13}\times4=1\frac{11}{13}$

❺ $\frac{7}{8}\times20=17\frac{1}{2}$

❻ $\frac{6}{7}\times35=30$

❼ $\frac{3}{10}\times45=13\frac{1}{2}$

$\frac{3}{10}\times45=\frac{27}{2}=13\frac{1}{2}$

❽ $\frac{13}{18}\times20=14\frac{4}{9}$

$\frac{13}{18}\times20=\frac{130}{9}=14\frac{4}{9}$

❾ $1\frac{2}{5}\times3=4\frac{1}{5}$

$1\frac{2}{5}\times3=\frac{7}{5}\times3=\frac{21}{5}=4\frac{1}{5}$

❿ $2\frac{3}{4}\times12=33$

$2\frac{3}{4}\times12=\frac{11}{4}\times12=33$

⓫ $1\frac{3}{7}\times4=5\frac{5}{7}$

$1\frac{3}{7}\times4=\frac{10}{7}\times4=\frac{40}{7}=5\frac{5}{7}$

⓬ $2\frac{2}{15}\times10=21\frac{1}{3}$

$\frac{32}{15}\times10=\frac{64}{3}=21\frac{1}{3}$

⓭ $2\frac{3}{8}\times10=23\frac{3}{4}$

$2\frac{3}{8}\times10=\frac{19}{8}\times10=\frac{95}{4}=23\frac{3}{4}$

⓮ $3\frac{1}{6}\times10=31\frac{2}{3}$

$3\frac{1}{6}\times10=\frac{19}{6}\times10=\frac{95}{3}=31\frac{2}{3}$

⓯ $1\frac{5}{8}\times14=22\frac{3}{4}$

$1\frac{5}{8}\times14=\frac{13}{8}\times14=\frac{91}{4}=22\frac{3}{4}$

⓰ $2\frac{2}{3}\times12=32$

$2\frac{2}{3}\times12=\frac{8}{3}\times12=32$

자기 점수에 ○표 하세요.

맞힌 개수	8개 이하	9~12개	13~14개	15~16개
학습 방법	개념을 다시 공부하세요.	조금 더 노력하세요.	실수하면 안 돼요.	참 잘했어요.

2일차 B형

분수와 자연수의 곱셈

월 일
분 초
/16

▮정답 3쪽

✎ 다음을 계산하여 기약분수로 나타내세요.

❶ $3\times\frac{1}{2}=1\frac{1}{2}$

❷ $9\times\frac{5}{6}=7\frac{1}{2}$

❸ $6\times\frac{1}{3}=2$

❹ $10\times\frac{3}{8}=3\frac{3}{4}$

❺ $13\times\frac{34}{39}=11\frac{1}{3}$

$13\times\frac{34}{39}=\frac{34}{3}=11\frac{1}{3}$

❻ $12\times\frac{7}{16}=5\frac{1}{4}$

❼ $12\times\frac{7}{8}=10\frac{1}{2}$

❽ $28\times\frac{10}{21}=13\frac{1}{3}$

$28\times\frac{10}{21}=\frac{40}{3}=13\frac{1}{3}$

❾ $6\times1\frac{5}{8}=9\frac{3}{4}$

$6\times1\frac{5}{8}=6\times\frac{13}{8}=\frac{39}{4}=9\frac{3}{4}$

❿ $7\times1\frac{1}{21}=7\frac{1}{3}$

$7\times1\frac{1}{21}=7\times\frac{22}{21}=\frac{22}{3}=7\frac{1}{3}$

⓫ $15\times2\frac{7}{10}=40\frac{1}{2}$

$15\times\frac{27}{10}=\frac{81}{2}=40\frac{1}{2}$

⓬ $15\times1\frac{3}{20}=17\frac{1}{4}$

$15\times1\frac{3}{20}=15\times\frac{23}{20}=\frac{69}{4}=17\frac{1}{4}$

⓭ $36\times1\frac{1}{24}=37\frac{1}{2}$

$36\times1\frac{1}{24}=36\times\frac{25}{24}=\frac{75}{2}=37\frac{1}{2}$

⓮ $18\times1\frac{7}{12}=28\frac{1}{2}$

$18\times1\frac{7}{12}=18\times\frac{19}{12}=\frac{57}{2}=28\frac{1}{2}$

⓯ $40\times1\frac{3}{16}=47\frac{1}{2}$

$40\times1\frac{3}{16}=40\times\frac{19}{16}=\frac{95}{2}=47\frac{1}{2}$

⓰ $42\times1\frac{5}{36}=47\frac{5}{6}$

$42\times1\frac{5}{36}=42\times\frac{41}{36}=\frac{287}{6}=47\frac{5}{6}$

자기 점수에 ○표 하세요.

맞힌 개수	8개 이하	9~12개	13~14개	15~16개
학습 방법	개념을 다시 공부하세요.	조금 더 노력하세요.	실수하면 안 돼요.	참 잘했어요.

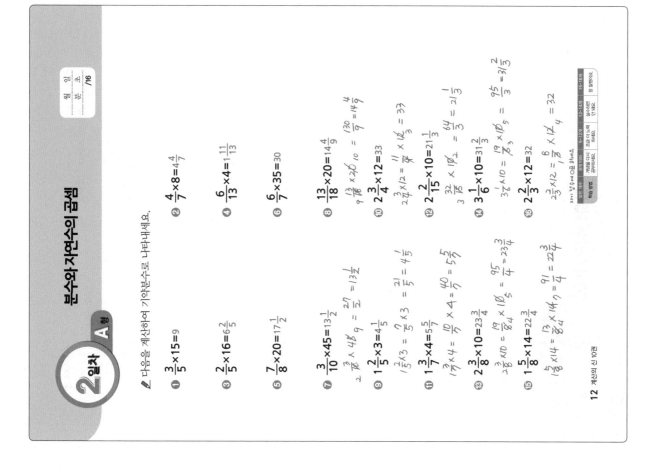

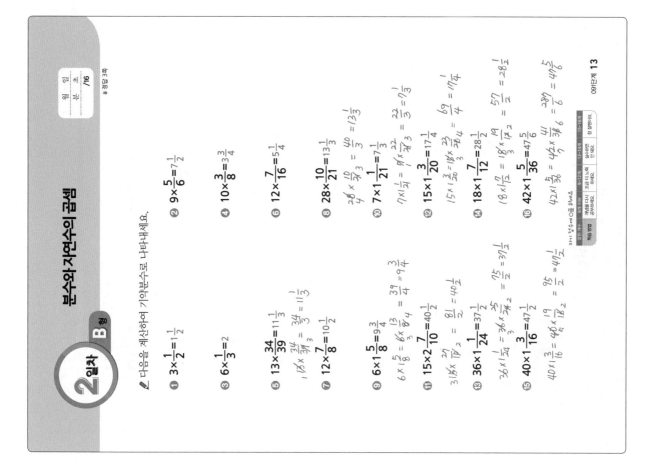

3일차 A형 분수와 자연수의 곱셈

월 일 / 분 초 / /16

다음을 계산하여 기약분수로 나타내세요.

❶ $\frac{4}{7}\times21=12$

❷ $\frac{3}{8}\times6=2\frac{1}{4}$

❸ $\frac{8}{9}\times12=10\frac{2}{3}$

❹ $\frac{7}{10}\times15=10\frac{1}{2}$

❺ $\frac{5}{11}\times33=15$

❻ $\frac{5}{12}\times9=3\frac{3}{4}$

❼ $\frac{10}{13}\times2=1\frac{7}{13}$

❽ $\frac{3}{14}\times21=4\frac{1}{2}$

❾ $1\frac{2}{3}\times9=15$

$1\frac{2}{3}\times9=\frac{5}{3}\times9=15$

❿ $1\frac{4}{5}\times2=3\frac{3}{5}$

$1\frac{4}{5}\times2=\frac{9}{5}\times2=\frac{18}{5}=3\frac{3}{5}$

⓫ $2\frac{2}{7}\times3=6\frac{6}{7}$

$2\frac{2}{7}\times3=\frac{16}{7}\times3=\frac{48}{7}=6\frac{6}{7}$

⓬ $2\frac{4}{9}\times3=7\frac{1}{3}$

$2\frac{4}{9}\times3=\frac{22}{9}\times3=\frac{22}{3}=7\frac{1}{3}$

⓭ $3\frac{5}{12}\times9=30\frac{3}{4}$

$3\frac{5}{12}\times9=\frac{41}{12}\times9=\frac{123}{4}=30\frac{3}{4}$

⓮ $3\frac{8}{15}\times20=70\frac{2}{3}$

$3\frac{8}{15}\times20=\frac{53}{15}\times20=\frac{212}{3}=70\frac{2}{3}$

⓯ $1\frac{7}{18}\times4=5\frac{5}{9}$

$1\frac{7}{18}\times4=\frac{25}{18}\times4=\frac{50}{9}=5\frac{5}{9}$

⓰ $2\frac{7}{24}\times3=6\frac{7}{8}$

$2\frac{7}{24}\times3=\frac{55}{24}\times3=\frac{55}{8}=6\frac{7}{8}$

자기 점수에 ○표 하세요.

맞힌 개수	8개 이하	9~12개	13~14개	15~16개
학습 방법	개념을 다시 공부하세요.	조금 더 노력하세요.	실수하면 안 돼요.	참 잘했어요.

14 계산의 신 10권

3일차 B형 분수와 자연수의 곱셈

월 일 / 분 초 / /16

정답 4쪽

다음을 계산하여 기약분수로 나타내세요.

❶ $9\times\frac{5}{6}=7\frac{1}{2}$

❷ $8\times\frac{7}{12}=4\frac{2}{3}$

❸ $24\times\frac{17}{18}=22\frac{2}{3}$

❹ $52\times\frac{5}{8}=32\frac{1}{2}$

❺ $18\times\frac{4}{27}=2\frac{2}{3}$

❻ $36\times\frac{7}{20}=12\frac{3}{5}$

❼ $3\times\frac{4}{7}=1\frac{5}{7}$

❽ $15\times\frac{9}{10}=13\frac{1}{2}$

❾ $10\times1\frac{1}{15}=10\frac{2}{3}$

$10\times1\frac{1}{15}=10\times\frac{16}{15}=\frac{32}{3}=10\frac{2}{3}$

❿ $12\times1\frac{2}{3}=20$

$12\times1\frac{2}{3}=12\times\frac{5}{3}=20$

⓫ $15\times\frac{13}{20}=9\frac{3}{4}$

$15\times\frac{13}{20}=\frac{39}{4}=9\frac{3}{4}$

⓬ $6\times1\frac{3}{8}=8\frac{1}{4}$

$6\times1\frac{3}{8}=6\times\frac{11}{8}=\frac{33}{4}=8\frac{1}{4}$

⓭ $14\times1\frac{2}{7}=18$

$14\times1\frac{2}{7}=14\times\frac{9}{7}=18$

⓮ $3\times1\frac{5}{27}=3\frac{5}{9}$

$3\times1\frac{5}{27}=3\times\frac{32}{27}=\frac{32}{9}=3\frac{5}{9}$

⓯ $4\times1\frac{13}{20}=6\frac{3}{5}$

$4\times1\frac{13}{20}=4\times\frac{33}{20}=\frac{33}{5}=6\frac{3}{5}$

⓰ $7\times2\frac{11}{21}=17\frac{2}{3}$

$7\times2\frac{11}{21}=7\times\frac{53}{21}=\frac{53}{3}=17\frac{2}{3}$

자기 점수에 ○표 하세요.

맞힌 개수	8개 이하	9~12개	13~14개	15~16개
학습 방법	개념을 다시 공부하세요.	조금 더 노력하세요.	실수하면 안 돼요.	참 잘했어요.

091단계 15

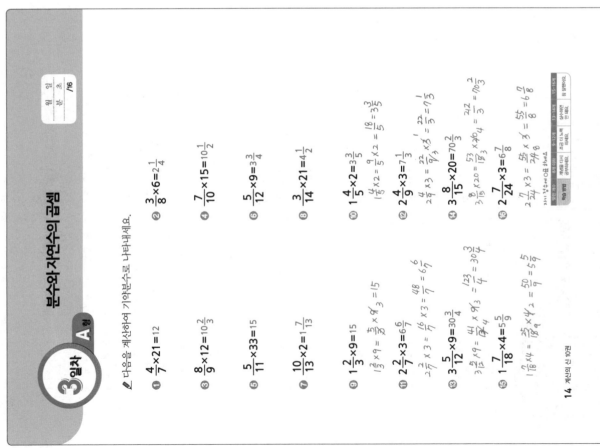

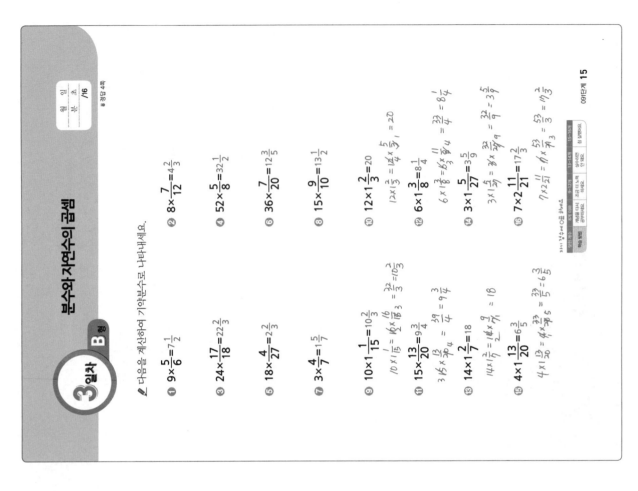

4일차 A형 분수와 자연수의 곱셈

월 일 / 분 초 / /16

다음을 계산하여 기약분수로 나타내세요.

❶ $\frac{5}{6}\times4=3\frac{1}{3}$

❷ $\frac{4}{5}\times20=16$

❸ $\frac{5}{8}\times12=7\frac{1}{2}$

❹ $\frac{4}{15}\times25=6\frac{2}{3}$

❺ $\frac{25}{27}\times18=16\frac{2}{3}$

❻ $\frac{11}{12}\times18=16\frac{1}{2}$

❼ $\frac{20}{39}\times26=13\frac{1}{3}$

❽ $\frac{8}{9}\times6=5\frac{1}{3}$

❾ $1\frac{1}{6}\times15=17\frac{1}{2}$

$1\frac{1}{6}\times15=\frac{7}{2}\times5=\frac{35}{2}=17\frac{1}{2}$

❿ $2\frac{3}{4}\times6=16\frac{1}{2}$

$2\frac{3}{4}\times6=\frac{11}{2}\times3=\frac{33}{2}=16\frac{1}{2}$

⓫ $3\frac{1}{4}\times10=32\frac{1}{2}$

$3\frac{1}{4}\times10=\frac{13}{2}\times5=\frac{65}{2}=32\frac{1}{2}$

⓬ $1\frac{5}{12}\times18=25\frac{1}{2}$

$1\frac{5}{12}\times18=\frac{17}{2}\times3=\frac{51}{2}=25\frac{1}{2}$

⓭ $1\frac{7}{8}\times10=18\frac{3}{4}$

$1\frac{7}{8}\times10=\frac{15}{4}\times5=\frac{75}{4}=18\frac{3}{4}$

⓮ $2\frac{5}{12}\times8=19\frac{1}{3}$

$2\frac{5}{12}\times8=\frac{29}{3}\times2=\frac{58}{3}=19\frac{1}{3}$

⓯ $3\frac{4}{11}\times2=6\frac{8}{11}$

$3\frac{4}{11}\times2=\frac{37}{11}\times2=\frac{74}{11}=6\frac{8}{11}$

⓰ $2\frac{5}{13}\times3=7\frac{2}{13}$

$2\frac{5}{13}\times3=\frac{31}{13}\times3=\frac{93}{13}=7\frac{2}{13}$

자기 점수에 ○표 하세요.

맞힌 개수	8개 이하	9~12개	13~14개	15~16개
학습 방법	개념을 다시 공부하세요.	조금 더 노력하세요.	실수하면 안 돼요.	참 잘했어요.

4일차 B형 분수와 자연수의 곱셈

월 일 / 분 초 / /16

정답 5쪽

다음을 계산하여 기약분수로 나타내세요.

❶ $8\times\frac{5}{12}=3\frac{1}{3}$

❷ $7\times\frac{8}{21}=2\frac{2}{3}$

❸ $32\times\frac{13}{24}=17\frac{1}{3}$

❹ $9\times\frac{25}{27}=8\frac{1}{3}$

❺ $6\times\frac{13}{24}=3\frac{1}{4}$

❻ $65\times\frac{20}{39}=33\frac{1}{3}$

❼ $72\times\frac{1}{54}=1\frac{1}{3}$

❽ $36\times\frac{2}{27}=2\frac{2}{3}$

❾ $20\times\frac{11}{75}=2\frac{14}{15}$

$20\times\frac{11}{75}=\frac{44}{15}=2\frac{14}{15}$

❿ $40\times\frac{17}{35}=19\frac{3}{7}$

$40\times\frac{17}{35}=\frac{136}{7}=19\frac{3}{7}$

⓫ $90\times\frac{25}{108}=20\frac{5}{6}$

$90\times\frac{25}{108}=\frac{125}{6}=20\frac{5}{6}$

⓬ $13\times1\frac{1}{52}=13\frac{1}{4}$

$13\times1\frac{1}{52}=13\times\frac{53}{52}=\frac{53}{4}=13\frac{1}{4}$

⓭ $85\times\frac{5}{102}=4\frac{1}{6}$

$85\times\frac{5}{102}=\frac{25}{6}=4\frac{1}{6}$

⓮ $60\times1\frac{1}{44}=61\frac{4}{11}$

$60\times1\frac{1}{44}=60\times\frac{45}{44}=\frac{675}{11}=61\frac{4}{11}$

⓯ $32\times1\frac{7}{96}=34\frac{1}{3}$

$32\times1\frac{7}{96}=32\times\frac{103}{96}=\frac{103}{3}=34\frac{1}{3}$

⓰ $54\times1\frac{7}{90}=58\frac{1}{5}$

$54\times1\frac{7}{90}=54\times\frac{97}{90}=\frac{291}{5}=58\frac{1}{5}$

자기 점수에 ○표 하세요.

맞힌 개수	8개 이하	9~12개	13~14개	15~16개
학습 방법	개념을 다시 공부하세요.	조금 더 노력하세요.	실수하면 안 돼요.	참 잘했어요.

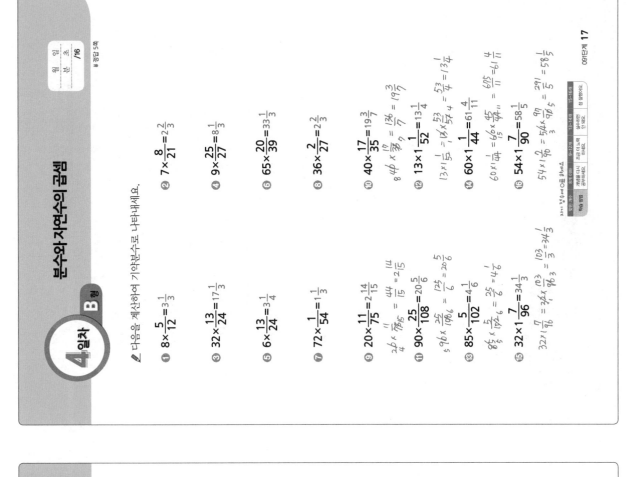

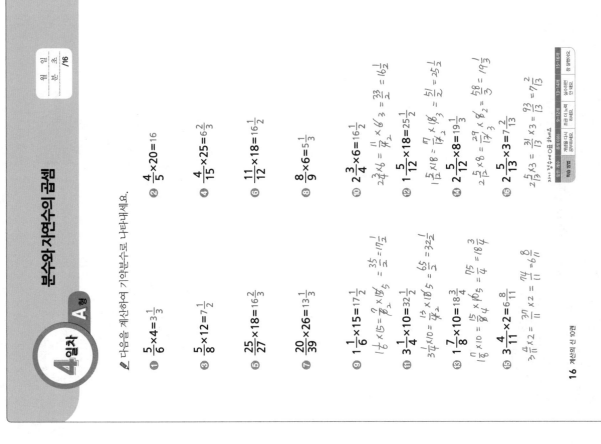

5일차 A형 분수와 자연수의 곱셈

월 일
분 초
/16

다음을 계산하여 기약분수로 나타내세요.

❶ $\frac{3}{8}\times12=4\frac{1}{2}$

❷ $\frac{4}{5}\times20=16$

❸ $\frac{1}{6}\times20=3\frac{1}{3}$

❹ $\frac{9}{14}\times28=18$

❺ $\frac{15}{17}\times3=2\frac{11}{17}$

❻ $\frac{35}{38}\times19=17\frac{1}{2}$

❼ $\frac{7}{16}\times24=10\frac{1}{2}$

❽ $\frac{3}{18}\times8=1\frac{1}{3}$

❾ $1\frac{1}{2}\times8=12$

$1\frac{1}{2}\times8=\frac{3}{2}\times8=12$

❿ $2\frac{2}{9}\times6=13\frac{1}{3}$

$2\frac{2}{9}\times6=\frac{20}{9}\times6=\frac{40}{3}=13\frac{1}{3}$

⓫ $3\frac{4}{7}\times2=7\frac{1}{7}$

$3\frac{4}{7}\times2=\frac{25}{7}\times2=\frac{50}{7}=7\frac{1}{7}$

⓬ $4\frac{5}{9}\times6=27\frac{1}{3}$

$4\frac{5}{9}\times6=\frac{41}{9}\times6=\frac{82}{3}=27\frac{1}{3}$

⓭ $5\frac{7}{10}\times15=85\frac{1}{2}$

$5\frac{7}{10}\times15=\frac{57}{10}\times15=\frac{171}{2}=85\frac{1}{2}$

⓮ $1\frac{4}{21}\times14=16\frac{2}{3}$

$1\frac{4}{21}\times14=\frac{25}{21}\times14=\frac{50}{3}=16\frac{2}{3}$

⓯ $1\frac{7}{27}\times15=18\frac{8}{9}$

$1\frac{7}{27}\times15=\frac{34}{27}\times15=\frac{170}{9}=18\frac{8}{9}$

⓰ $2\frac{13}{30}\times24=58\frac{2}{5}$

$2\frac{13}{30}\times24=\frac{73}{30}\times24=\frac{292}{5}=58\frac{2}{5}$

자기 점수에 ○표 하세요

맞힌 개수	8개 이하	9~12개	13~14개	15~16개
학습 방법	개념을 다시 공부하세요.	조금 더 노력하세요.	실수하면 안 돼요.	참 잘했어요.

5일차 B형 분수와 자연수의 곱셈

월 일
분 초
/16

정답 6쪽

이번 단계에서는 진분수와 자연수의 곱셈, 대분수와 자연수의 곱셈을 배웠습니다. 다음 단계에서는 분수끼리의 곱셈을 시작합니다.

다음을 계산하여 기약분수로 나타내세요.

❶ $8\times\frac{5}{6}=6\frac{2}{3}$

❷ $18\times\frac{5}{27}=3\frac{1}{3}$

❸ $27\times\frac{5}{18}=7\frac{1}{2}$

❹ $24\times\frac{3}{16}=4\frac{1}{2}$

❺ $54\times\frac{41}{48}=46\frac{1}{8}$

❻ $54\times\frac{25}{27}=50$

❼ $32\times\frac{5}{14}=11\frac{3}{7}$

❽ $30\times\frac{23}{50}=13\frac{4}{5}$

❾ $2\times1\frac{6}{7}=3\frac{5}{7}$

$2\times1\frac{6}{7}=2\times\frac{13}{7}=\frac{26}{7}=3\frac{5}{7}$

❿ $3\times1\frac{3}{4}=5\frac{1}{4}$

$3\times1\frac{3}{4}=3\times\frac{7}{4}=\frac{21}{4}=5\frac{1}{4}$

⓫ $4\times1\frac{5}{16}=5\frac{1}{4}$

$4\times1\frac{5}{16}=4\times\frac{21}{16}=\frac{21}{4}=5\frac{1}{4}$

⓬ $5\times1\frac{13}{20}=8\frac{1}{4}$

$5\times1\frac{13}{20}=5\times\frac{33}{20}=\frac{33}{4}=8\frac{1}{4}$

⓭ $6\times1\frac{19}{30}=9\frac{4}{5}$

$6\times1\frac{19}{30}=6\times\frac{49}{30}=\frac{49}{5}=9\frac{4}{5}$

⓮ $7\times1\frac{3}{28}=7\frac{3}{4}$

$7\times1\frac{3}{28}=7\times\frac{31}{28}=\frac{31}{4}=7\frac{3}{4}$

⓯ $8\times1\frac{13}{36}=10\frac{8}{9}$

$8\times1\frac{13}{36}=8\times\frac{49}{36}=\frac{98}{9}=10\frac{8}{9}$

⓰ $12\times1\frac{11}{30}=16\frac{2}{5}$

$12\times1\frac{11}{30}=12\times\frac{41}{30}=\frac{82}{5}=16\frac{2}{5}$

자기 점수에 ○표 하세요

맞힌 개수	8개 이하	9~12개	13~14개	15~16개
학습 방법	개념을 다시 공부하세요.	조금 더 노력하세요.	실수하면 안 돼요.	참 잘했어요.

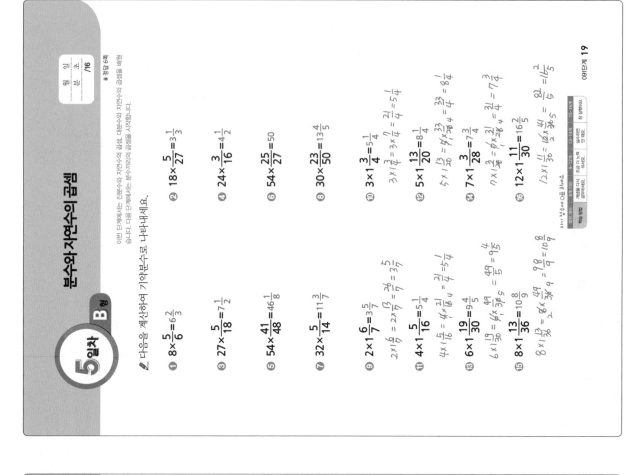

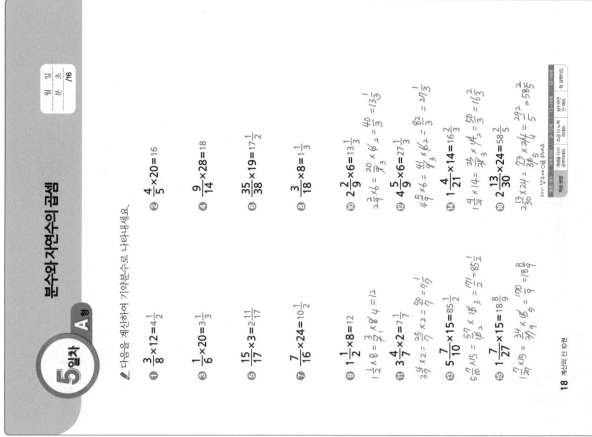

1일차 A형

분수의 곱셈(1)

월 일
분 초
/16

약분부터 먼저 해.

다음을 계산하여 기약분수로 나타내세요.

① $\frac{1}{3}\times\frac{1}{7}=\frac{1}{21}$

② $\frac{2}{7}\times\frac{4}{9}=\frac{8}{63}$

③ $\frac{5}{7}\times\frac{3}{4}=\frac{15}{28}$

④ $\frac{6}{7}\times\frac{3}{8}=\frac{9}{28}$

⑤ $\frac{2}{3}\times\frac{5}{12}=\frac{5}{18}$

⑥ $\frac{4}{5}\times\frac{1}{2}=\frac{2}{5}$

⑦ $\frac{5}{7}\times\frac{4}{5}=\frac{4}{7}$

⑧ $\frac{5}{12}\times\frac{8}{15}=\frac{2}{9}$

⑨ $\frac{9}{20}\times\frac{5}{6}=\frac{3}{8}$

⑩ $\frac{2}{9}\times\frac{5}{14}=\frac{5}{63}$

⑪ $\frac{4}{7}\times\frac{5}{6}=\frac{10}{21}$

⑫ $\frac{5}{6}\times\frac{8}{9}=\frac{20}{27}$

⑬ $\frac{4}{35}\times\frac{15}{22}=\frac{6}{77}$

⑭ $\frac{5}{6}\times\frac{3}{20}=\frac{1}{8}$

⑮ $\frac{8}{27}\times\frac{9}{32}=\frac{1}{12}$

⑯ $\frac{16}{63}\times\frac{14}{27}=\frac{32}{243}$

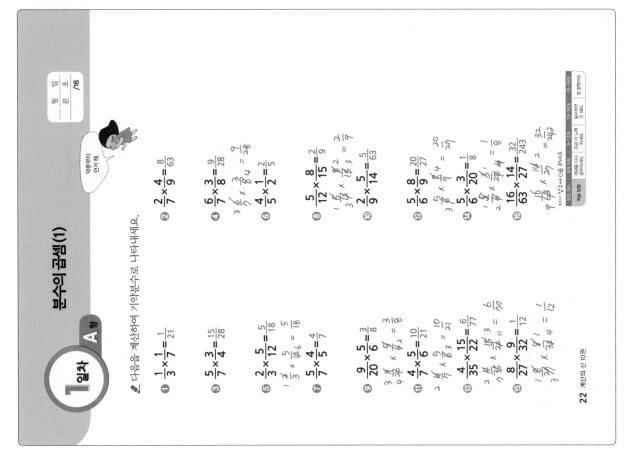

맞힌 개수	8개 이하	9~12개	13~14개	15~16개
학습 방법	개념을 다시 공부하세요.	조금 더 노력하세요.	실수하면 안 돼요.	참 잘했어요.

1일차 B형

분수의 곱셈(1)

월 일
분 초
/16

1번 답을 쓸 때, 가분수는 대분수로!

정답 7쪽

다음을 계산하여 기약분수로 나타내세요.

① $\frac{8}{5}\times\frac{9}{7}=2\frac{2}{35}$

② $\frac{5}{4}\times\frac{6}{5}=1\frac{1}{2}$

③ $\frac{9}{8}\times\frac{5}{6}=\frac{15}{16}$

④ $\frac{4}{3}\times\frac{5}{2}=3\frac{1}{3}$

⑤ $\frac{5}{2}\times\frac{8}{3}=6\frac{2}{3}$

⑥ $\frac{7}{4}\times\frac{9}{2}=7\frac{7}{8}$

⑦ $\frac{7}{5}\times\frac{5}{4}=1\frac{3}{4}$

⑧ $\frac{11}{8}\times\frac{16}{7}=3\frac{1}{7}$

⑨ $\frac{21}{10}\times\frac{15}{9}=3\frac{1}{2}$

⑩ $\frac{21}{9}\times\frac{15}{14}=2\frac{1}{2}$

⑪ $\frac{17}{4}\times\frac{6}{5}=5\frac{1}{10}$

⑫ $\frac{11}{6}\times\frac{9}{2}=8\frac{1}{4}$

⑬ $\frac{33}{13}\times\frac{26}{11}=6$

⑭ $\frac{25}{8}\times\frac{3}{20}=\frac{15}{32}$

⑮ $\frac{28}{13}\times\frac{9}{4}=4\frac{11}{13}$

⑯ $\frac{63}{8}\times\frac{24}{35}=5\frac{2}{5}$

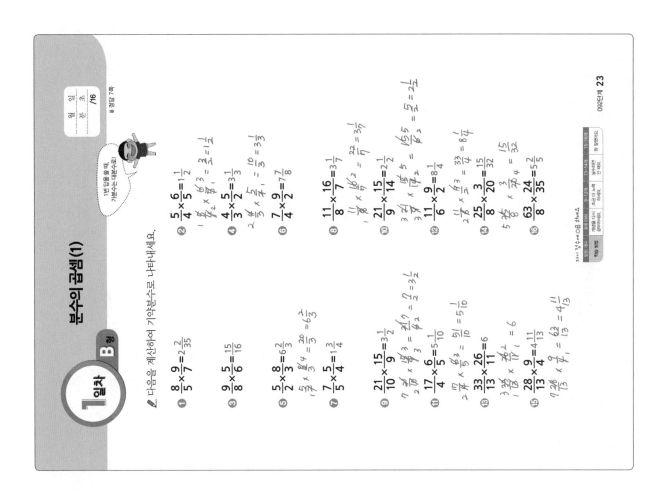

맞힌 개수	8개 이하	9~12개	13~14개	15~16개
학습 방법	개념을 다시 공부하세요.	조금 더 노력하세요.	실수하면 안 돼요.	참 잘했어요.

2일차 A형 분수의 곱셈(1)

월 일 / 분 초 / /16

다음을 계산하여 기약분수로 나타내세요.

① $\frac{1}{4}\times\frac{1}{2}=\frac{1}{8}$

② $\frac{2}{3}\times\frac{4}{5}=\frac{8}{15}$

③ $\frac{2}{5}\times\frac{2}{3}=\frac{4}{15}$

④ $\frac{5}{6}\times\frac{3}{7}=\frac{5}{14}$

⑤ $\frac{3}{7}\times\frac{3}{8}=\frac{9}{56}$

⑥ $\frac{2}{7}\times\frac{5}{8}=\frac{5}{28}$

⑦ $\frac{3}{8}\times\frac{4}{9}=\frac{1}{6}$

⑧ $\frac{5}{8}\times\frac{7}{10}=\frac{7}{16}$

⑨ $\frac{5}{9}\times\frac{5}{12}=\frac{25}{108}$

⑩ $\frac{2}{9}\times\frac{5}{12}=\frac{5}{54}$

⑪ $\frac{10}{11}\times\frac{4}{15}=\frac{8}{33}$

⑫ $\frac{7}{11}\times\frac{3}{14}=\frac{3}{22}$

⑬ $\frac{6}{13}\times\frac{2}{15}=\frac{4}{65}$

⑭ $\frac{7}{13}\times\frac{5}{14}=\frac{5}{26}$

⑮ $\frac{8}{15}\times\frac{5}{12}=\frac{2}{9}$

⑯ $\frac{7}{15}\times\frac{9}{14}=\frac{3}{10}$

자기 점수에 ○표 하세요.

맞힌 개수	8개 이하	9~12개	13~14개	15~16개
학습 방법	개념을 다시 공부하세요.	조금 더 노력하세요.	실수하면 안 돼요.	참 잘했어요.

2일차 B형 분수의 곱셈(1)

월 일 / 분 초 / /16

정답 8쪽

다음을 계산하여 기약분수로 나타내세요.

① $\frac{3}{2}\times\frac{5}{4}=1\frac{7}{8}$

② $\frac{7}{4}\times\frac{8}{3}=4\frac{2}{3}$

③ $\frac{6}{5}\times\frac{9}{8}=1\frac{7}{20}$

④ $\frac{9}{2}\times\frac{7}{6}=5\frac{1}{4}$

⑤ $\frac{8}{3}\times\frac{6}{5}=3\frac{1}{5}$

⑥ $\frac{9}{4}\times\frac{8}{7}=2\frac{4}{7}$

⑦ $\frac{8}{5}\times\frac{11}{10}=1\frac{19}{25}$

⑧ $\frac{9}{8}\times\frac{12}{7}=1\frac{13}{14}$

⑨ $\frac{21}{10}\times\frac{7}{6}=2\frac{9}{20}$

⑩ $\frac{16}{9}\times\frac{13}{10}=2\frac{14}{45}$

⑪ $\frac{13}{4}\times\frac{8}{7}=3\frac{5}{7}$

⑫ $\frac{15}{8}\times\frac{4}{3}=2\frac{1}{2}$

⑬ $\frac{11}{6}\times\frac{40}{33}=2\frac{2}{9}$

⑭ $\frac{17}{8}\times\frac{35}{34}=2\frac{3}{16}$

⑮ $\frac{25}{12}\times\frac{9}{5}=3\frac{3}{4}$

⑯ $\frac{9}{4}\times\frac{32}{27}=2\frac{2}{3}$

자기 점수에 ○표 하세요.

맞힌 개수	8개 이하	9~12개	13~14개	15~16개
학습 방법	개념을 다시 공부하세요.	조금 더 노력하세요.	실수하면 안 돼요.	참 잘했어요.

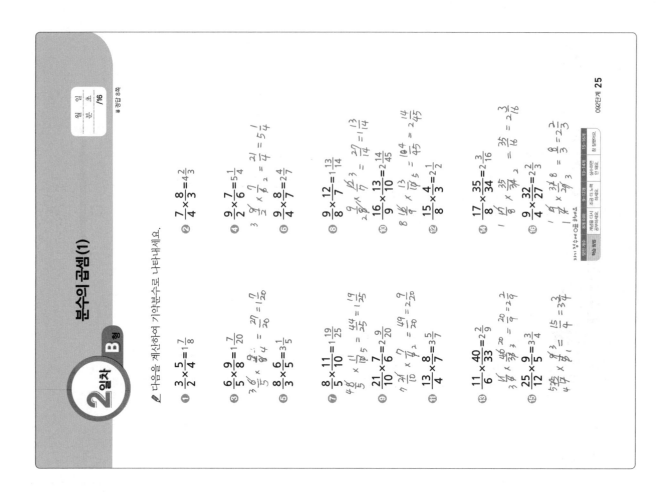

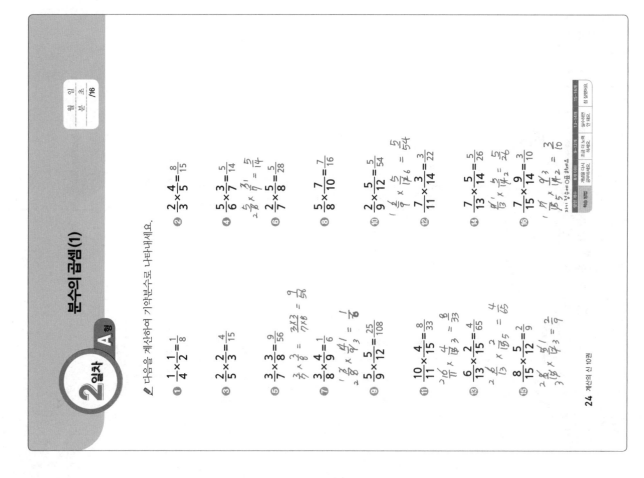

3일차 A형 분수의 곱셈 (1)

월 일 분 초 /16

다음을 계산하여 기약분수로 나타내세요.

1. $\frac{1}{2}\times\frac{2}{9}=\frac{1}{9}$
2. $\frac{1}{2}\times\frac{1}{7}=\frac{1}{14}$
3. $\frac{2}{3}\times\frac{5}{8}=\frac{5}{12}$
4. $\frac{2}{3}\times\frac{7}{10}=\frac{7}{15}$
5. $\frac{3}{4}\times\frac{4}{7}=\frac{3}{7}$
6. $\frac{3}{4}\times\frac{5}{8}=\frac{15}{32}$
7. $\frac{3}{7}\times\frac{5}{6}=\frac{5}{14}$
8. $\frac{3}{7}\times\frac{7}{12}=\frac{1}{4}$
9. $\frac{3}{8}\times\frac{5}{12}=\frac{5}{32}$
10. $\frac{5}{8}\times\frac{4}{15}=\frac{1}{6}$
11. $\frac{5}{9}\times\frac{13}{20}=\frac{13}{36}$
12. $\frac{7}{10}\times\frac{4}{21}=\frac{2}{15}$
13. $\frac{3}{10}\times\frac{11}{24}=\frac{11}{80}$
14. $\frac{8}{35}\times\frac{7}{20}=\frac{2}{25}$
15. $\frac{9}{35}\times\frac{5}{21}=\frac{3}{49}$
16. $\frac{21}{40}\times\frac{25}{28}=\frac{15}{32}$

맞힌 개수	8개 이하	9~12개	13~14개	15~16개
학습 방법	개념을 다시 공부하세요.	조금 더 노력하세요.	실수하면 안 돼요.	참 잘했어요.

26 계산의 신 10권

3일차 B형 분수의 곱셈 (1)

월 일 분 초 /16

정답 9쪽

다음을 계산하여 기약분수로 나타내세요.

1. $\frac{7}{4}\times\frac{9}{5}=3\frac{3}{20}$
2. $\frac{8}{7}\times\frac{9}{4}=2\frac{4}{7}$
3. $\frac{15}{8}\times\frac{6}{5}=2\frac{1}{4}$
4. $\frac{7}{4}\times\frac{6}{5}=2\frac{1}{10}$
5. $\frac{5}{3}\times\frac{21}{15}=2\frac{1}{3}$
6. $\frac{9}{4}\times\frac{7}{2}=7\frac{7}{8}$
7. $\frac{11}{5}\times\frac{25}{16}=3\frac{7}{16}$
8. $\frac{11}{4}\times\frac{13}{11}=3\frac{1}{4}$
9. $\frac{13}{9}\times\frac{27}{26}=1\frac{1}{2}$
10. $\frac{15}{8}\times\frac{22}{21}=1\frac{27}{28}$
11. $\frac{13}{4}\times\frac{7}{6}=3\frac{19}{24}$
12. $\frac{7}{6}\times\frac{30}{28}=1\frac{1}{4}$
13. $\frac{24}{13}\times\frac{17}{15}=2\frac{6}{65}$
14. $\frac{15}{7}\times\frac{49}{45}=2\frac{1}{3}$
15. $\frac{20}{19}\times\frac{38}{35}=1\frac{1}{7}$
16. $\frac{18}{17}\times\frac{34}{15}=2\frac{2}{5}$

맞힌 개수	8개 이하	9~12개	13~14개	15~16개
학습 방법	개념을 다시 공부하세요.	조금 더 노력하세요.	실수하면 안 돼요.	참 잘했어요.

092단계 27

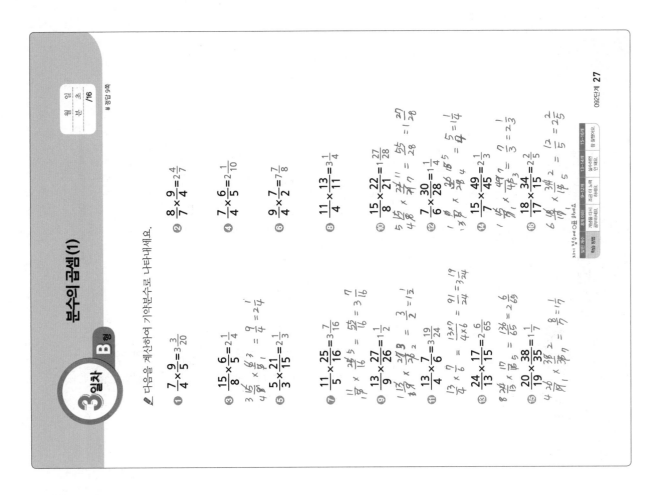

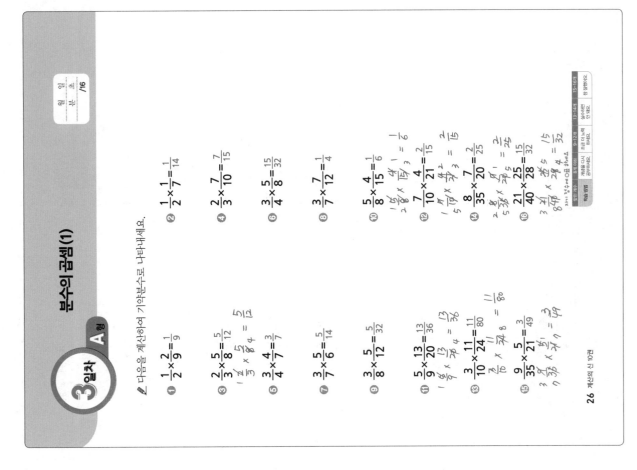

4일차 A형 분수의 곱셈(1)

월 일 / 분 초 / /16

다음을 계산하여 기약분수로 나타내세요.

① $\frac{1}{5}\times\frac{1}{12}=\frac{1}{60}$

② $\frac{1}{4}\times\frac{1}{25}=\frac{1}{100}$

③ $\frac{1}{8}\times\frac{1}{125}=\frac{1}{1000}$

④ $\frac{3}{8}\times\frac{2}{3}=\frac{1}{4}$

⑤ $\frac{2}{3}\times\frac{3}{20}=\frac{1}{10}$

⑥ $\frac{3}{5}\times\frac{5}{12}=\frac{1}{4}$

⑦ $\frac{4}{5}\times\frac{7}{16}=\frac{7}{20}$

⑧ $\frac{5}{8}\times\frac{7}{20}=\frac{7}{32}$

⑨ $\frac{5}{16}\times\frac{3}{10}=\frac{3}{32}$

⑩ $\frac{7}{32}\times\frac{5}{14}=\frac{5}{64}$

⑪ $\frac{8}{25}\times\frac{10}{16}=\frac{1}{5}$

⑫ $\frac{7}{15}\times\frac{4}{21}=\frac{4}{45}$

⑬ $\frac{8}{9}\times\frac{3}{16}=\frac{1}{6}$

⑭ $\frac{4}{7}\times\frac{3}{20}=\frac{3}{35}$

⑮ $\frac{8}{15}\times\frac{5}{22}=\frac{4}{33}$

⑯ $\frac{27}{50}\times\frac{8}{9}=\frac{12}{25}$

맞힌 개수	8개 이하	9~12개	13~14개	15~16개
학습 방법	개념을 다시 공부하세요.	조금 더 노력하세요.	실수하면 안 돼요.	참 잘했어요.

4일차 B형 분수의 곱셈(1)

월 일 / 분 초 / /16

정답 10쪽

다음을 계산하여 기약분수로 나타내세요.

① $\frac{5}{3}\times\frac{12}{7}=2\frac{6}{7}$

② $\frac{7}{4}\times\frac{15}{14}=1\frac{7}{8}$

③ $\frac{8}{7}\times\frac{11}{10}=1\frac{9}{35}$

④ $\frac{7}{3}\times\frac{15}{14}=2\frac{1}{2}$

⑤ $\frac{9}{4}\times\frac{16}{3}=12$

⑥ $\frac{7}{3}\times\frac{9}{2}=10\frac{1}{2}$

⑦ $\frac{11}{8}\times\frac{34}{33}=1\frac{5}{12}$

⑧ $\frac{11}{9}\times\frac{27}{22}=1\frac{1}{2}$

⑨ $\frac{27}{14}\times\frac{21}{9}=4\frac{1}{2}$

⑩ $\frac{21}{15}\times\frac{27}{14}=2\frac{7}{10}$

⑪ $\frac{19}{4}\times\frac{40}{38}=5$

⑫ $\frac{25}{13}\times\frac{23}{15}=2\frac{37}{39}$

⑬ $\frac{9}{4}\times\frac{13}{12}=2\frac{7}{16}$

⑭ $\frac{17}{8}\times\frac{10}{19}=1\frac{9}{76}$

⑮ $\frac{25}{13}\times\frac{13}{10}=2\frac{1}{2}$

⑯ $\frac{45}{8}\times\frac{16}{15}=6$

맞힌 개수	8개 이하	9~12개	13~14개	15~16개
학습 방법	개념을 다시 공부하세요.	조금 더 노력하세요.	실수하면 안 돼요.	참 잘했어요.

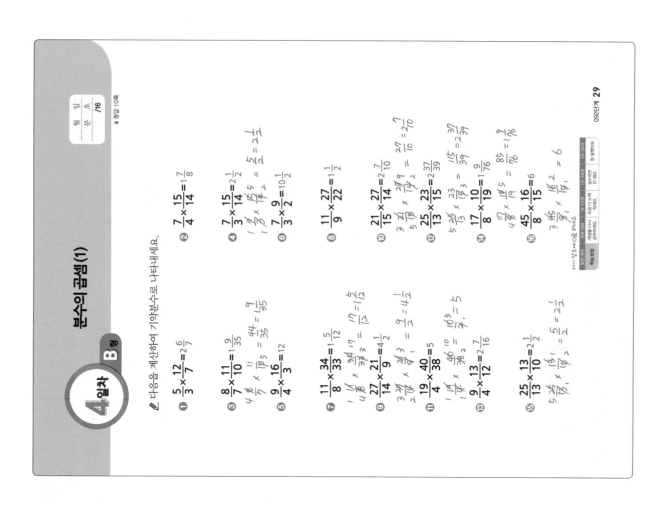

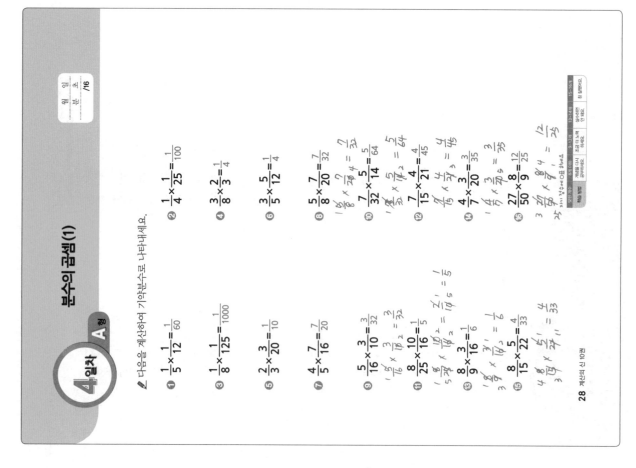

5일차 A형

분수의 곱셈 (1)

월 일
분 초
/16

다음을 계산하여 기약분수로 나타내세요.

① $\frac{1}{3}\times\frac{9}{10}=\frac{3}{10}$

② $\frac{1}{3}\times\frac{8}{15}=\frac{8}{45}$

③ $\frac{1}{4}\times\frac{8}{9}=\frac{2}{9}$

④ $\frac{1}{5}\times\frac{20}{27}=\frac{4}{27}$

⑤ $\frac{3}{5}\times\frac{15}{18}=\frac{1}{2}$

⑥ $\frac{2}{5}\times\frac{3}{20}=\frac{3}{50}$

⑦ $\frac{5}{6}\times\frac{12}{25}=\frac{2}{5}$

⑧ $\frac{7}{12}\times\frac{21}{28}=\frac{7}{16}$

⑨ $\frac{7}{18}\times\frac{9}{28}=\frac{1}{8}$

⑩ $\frac{13}{20}\times\frac{25}{39}=\frac{5}{12}$

⑪ $\frac{16}{21}\times\frac{3}{28}=\frac{4}{49}$

⑫ $\frac{17}{24}\times\frac{30}{34}=\frac{5}{8}$

⑬ $\frac{12}{35}\times\frac{13}{40}=\frac{39}{350}$

⑭ $\frac{13}{36}\times\frac{24}{39}=\frac{2}{9}$

⑮ $\frac{11}{36}\times\frac{27}{44}=\frac{3}{16}$

⑯ $\frac{8}{45}\times\frac{15}{32}=\frac{1}{12}$

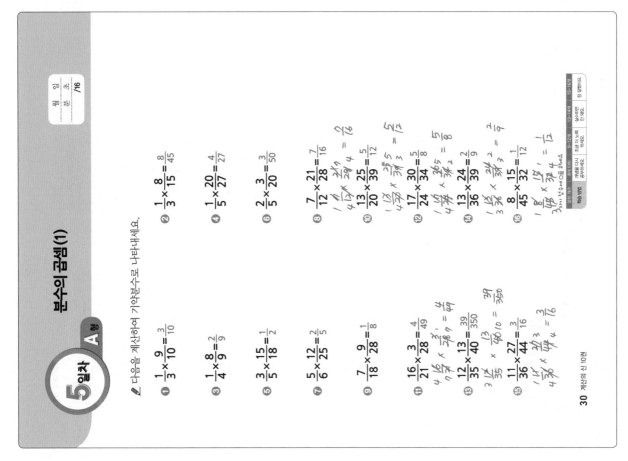

맞힌 개수	8개 이하	9~12개	13~14개	15~16개
학습 방법	개념을 다시 공부하세요.	조금 더 노력하세요.	실수하면 안 돼요.	참 잘했어요.

5일차 B형

분수의 곱셈 (1)

월 일
분 초
/16

정답 11쪽

이번 단계에서는 단위분수끼리의 곱셈, 진분수나 가분수끼리의 곱셈을 배웠습니다. 다음 단계에서는 대분수끼리의 곱셈과 세 분수의 곱셈을 익힙니다.

다음을 계산하여 기약분수로 나타내세요.

① $\frac{5}{4}\times\frac{10}{9}=1\frac{7}{18}$

② $\frac{10}{7}\times\frac{7}{4}=2\frac{1}{2}$

③ $\frac{13}{7}\times\frac{14}{5}=5\frac{1}{5}$

④ $\frac{5}{3}\times\frac{9}{4}=3\frac{3}{4}$

⑤ $\frac{10}{3}\times\frac{16}{15}=3\frac{5}{9}$

⑥ $\frac{8}{7}\times\frac{5}{4}=1\frac{3}{7}$

⑦ $\frac{9}{8}\times\frac{22}{21}=1\frac{5}{28}$

⑧ $\frac{33}{14}\times\frac{21}{6}=8\frac{1}{4}$

⑨ $\frac{7}{3}\times\frac{27}{21}=3$

⑩ $\frac{13}{9}\times\frac{45}{39}=1\frac{2}{3}$

⑪ $\frac{20}{17}\times\frac{34}{25}=1\frac{3}{5}$

⑫ $\frac{13}{6}\times\frac{40}{39}=2\frac{2}{9}$

⑬ $\frac{65}{64}\times\frac{16}{13}=1\frac{1}{4}$

⑭ $\frac{28}{27}\times\frac{15}{14}=1\frac{1}{9}$

⑮ $\frac{16}{15}\times\frac{13}{12}=1\frac{7}{45}$

⑯ $\frac{18}{17}\times\frac{25}{24}=1\frac{7}{68}$

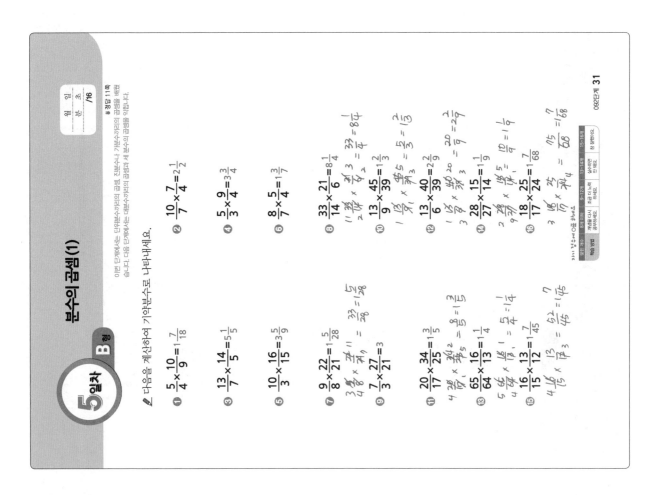

맞힌 개수	8개 이하	9~12개	13~14개	15~16개
학습 방법	개념을 다시 공부하세요.	조금 더 노력하세요.	실수하면 안 돼요.	참 잘했어요.

1일차 A형 분수의 곱셈 (2)

월 일 / 분 초 / /16

2번 문제는 미리 약분하면
아주 간단한 계산이 돼!

다음을 계산하여 기약분수로 나타내세요.

❶ $1\frac{2}{3}\times1\frac{2}{7}=2\frac{1}{7}$

❷ $1\frac{2}{7}\times3\frac{1}{9}=4$

❸ $1\frac{1}{6}\times1\frac{1}{2}=1\frac{3}{4}$

❹ $1\frac{2}{5}\times1\frac{1}{14}=1\frac{1}{2}$

❺ $5\frac{1}{2}\times2\frac{2}{3}=14\frac{2}{3}$

❻ $1\frac{1}{5}\times3\frac{1}{3}=4$

❼ $1\frac{3}{4}\times2\frac{4}{11}=4\frac{3}{22}$

❽ $3\frac{1}{3}\times4\frac{13}{14}=16\frac{3}{7}$

❾ $1\frac{5}{7}\times2\frac{2}{5}=4\frac{4}{35}$

❿ $3\frac{1}{4}\times1\frac{9}{10}=6\frac{7}{40}$

⓫ $4\frac{3}{8}\times3\frac{4}{5}=16\frac{5}{8}$

⓬ $3\frac{9}{10}\times2\frac{1}{4}=8\frac{31}{40}$

⓭ $2\frac{1}{3}\times3\frac{3}{11}=7\frac{7}{11}$

⓮ $2\frac{1}{4}\times3\frac{1}{9}=7$

⓯ $2\frac{9}{14}\times1\frac{2}{3}=4\frac{17}{42}$

⓰ $4\frac{1}{6}\times4\frac{3}{10}=17\frac{11}{12}$

맞힌 개수	8개 이하	9~12개	13~14개	15~16개
학습 방법	개념을 다시 공부하세요.	조금 더 노력하세요.	실수하면 안 돼요.	참 잘했어요.

1일차 B형 분수의 곱셈 (2)

월 일 / 분 초 / /8

분수 세 개를 곱해도
약분하면 계산이 쉬워져

정답 12쪽

다음을 계산하여 기약분수로 나타내세요.

❶ $\frac{1}{3}\times\frac{3}{4}\times\frac{1}{2}=\frac{1}{8}$

❷ $\frac{2}{5}\times\frac{1}{4}\times\frac{3}{5}=\frac{3}{50}$

❸ $\frac{5}{7}\times1\frac{2}{5}\times\frac{3}{5}=\frac{3}{5}$

❹ $5\times\frac{9}{2}\times\frac{4}{3}=30$

❺ $\frac{5}{22}\times\frac{3}{8}\times1\frac{5}{6}=\frac{5}{32}$

❻ $\frac{1}{4}\times\frac{3}{8}\times5=\frac{15}{32}$

❼ $2\frac{4}{5}\times3\frac{2}{3}\times\frac{5}{7}=7\frac{1}{3}$

❽ $\frac{2}{9}\times6\times1\frac{2}{3}=2\frac{2}{9}$

맞힌 개수	4개 이하	5~6개	7개	8개
학습 방법	개념을 다시 공부하세요.	조금 더 노력하세요.	실수하면 안 돼요.	참 잘했어요.

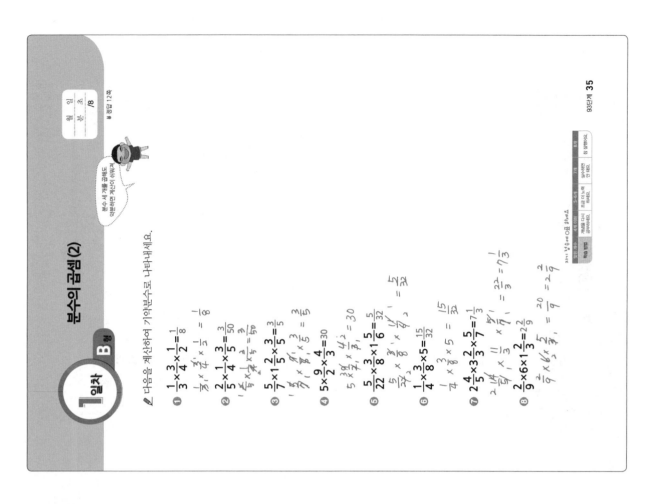

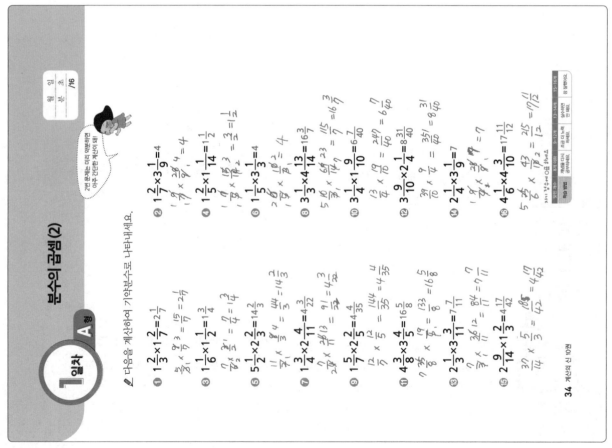

2일차 A형 분수의 곱셈(2)

월 일 / 분 초 / /16

다음을 계산하여 기약분수로 나타내세요.

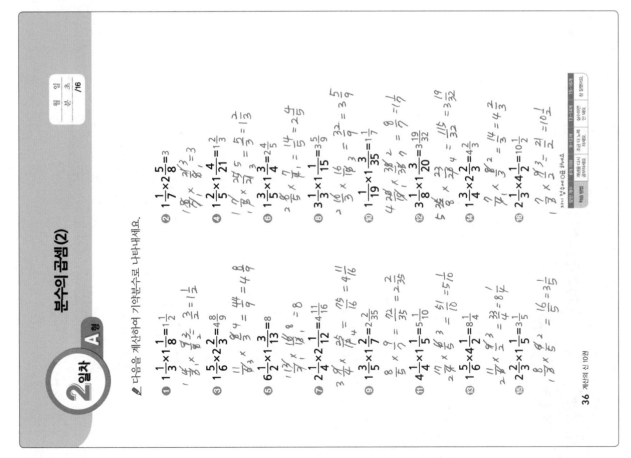

① $1\frac{1}{3}\times1\frac{1}{8}=1\frac{1}{2}$

② $1\frac{1}{7}\times2\frac{5}{8}=3$

③ $1\frac{5}{6}\times2\frac{2}{3}=4\frac{8}{9}$

④ $1\frac{2}{5}\times1\frac{4}{21}=1\frac{2}{3}$

⑤ $6\frac{1}{2}\times1\frac{3}{13}=8$

⑥ $1\frac{3}{5}\times1\frac{3}{4}=2\frac{4}{5}$

⑦ $2\frac{1}{4}\times2\frac{1}{12}=4\frac{11}{16}$

⑧ $3\frac{1}{3}\times1\frac{1}{15}=3\frac{5}{9}$

⑨ $1\frac{3}{5}\times1\frac{2}{7}=2\frac{2}{35}$

⑩ $1\frac{1}{19}\times1\frac{3}{35}=1\frac{1}{7}$

⑪ $4\frac{1}{4}\times1\frac{1}{5}=5\frac{1}{10}$

⑫ $3\frac{1}{8}\times1\frac{3}{20}=3\frac{19}{32}$

⑬ $1\frac{5}{6}\times4\frac{1}{2}=8\frac{1}{4}$

⑭ $1\frac{3}{4}\times2\frac{2}{3}=4\frac{2}{3}$

⑮ $2\frac{2}{3}\times1\frac{1}{5}=3\frac{1}{5}$

⑯ $2\frac{1}{3}\times4\frac{1}{2}=10\frac{1}{2}$

자기 점수에 ○표 하세요

맞힌 개수	8개 이하	9~12개	13~14개	15~16개
학습 방법	개념을 다시 공부하세요.	조금 더 노력 하세요.	실수하면 안 돼요.	참 잘했어요.

2일차 B형 분수의 곱셈(2)

월 일 / 분 초 / /8

정답 13쪽

다음을 계산하여 기약분수로 나타내세요.

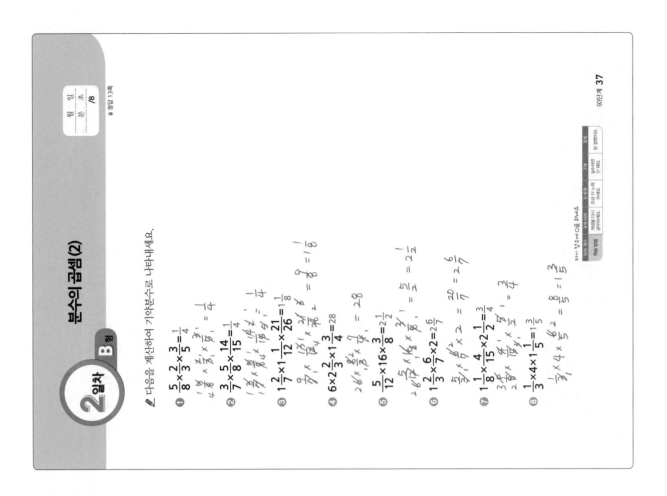

① $\frac{5}{8}\times\frac{2}{3}\times\frac{3}{5}=\frac{1}{4}$

② $\frac{3}{7}\times\frac{5}{8}\times\frac{14}{15}=\frac{1}{4}$

③ $1\frac{2}{7}\times1\frac{1}{12}\times\frac{21}{26}=1\frac{1}{8}$

④ $6\times2\frac{2}{3}\times1\frac{3}{4}=28$

⑤ $\frac{5}{12}\times16\times\frac{3}{8}=2\frac{1}{2}$

⑥ $1\frac{2}{3}\times\frac{6}{7}\times2=2\frac{6}{7}$

⑦ $1\frac{1}{8}\times\frac{4}{15}\times2\frac{1}{2}=\frac{3}{4}$

⑧ $\frac{1}{3}\times4\times1\frac{1}{5}=1\frac{3}{5}$

자기 점수에 ○표 하세요

맞힌 개수	4개 이하	5~6개	7개	8개
학습 방법	개념을 다시 공부하세요.	조금 더 노력 하세요.	실수하면 안 돼요.	참 잘했어요.

3일차 A형 분수의 곱셈(2)

월 일
분 초
/16

다음을 계산하여 기약분수로 나타내세요.

❶ $2\frac{1}{10}\times1\frac{1}{6}=2\frac{9}{20}$

❷ $2\frac{1}{4}\times5\frac{1}{3}=12$

❸ $1\frac{1}{7}\times1\frac{1}{10}=1\frac{9}{35}$

❹ $1\frac{3}{8}\times1\frac{1}{33}=1\frac{5}{12}$

❺ $2\frac{1}{3}\times1\frac{2}{7}=3$

❻ $1\frac{1}{7}\times1\frac{1}{4}=1\frac{3}{7}$

❼ $1\frac{1}{64}\times1\frac{3}{13}=1\frac{1}{4}$

❽ $1\frac{1}{15}\times1\frac{1}{12}=1\frac{7}{45}$

❾ $3\frac{1}{4}\times1\frac{1}{6}=3\frac{19}{24}$

❿ $2\frac{1}{4}\times3\frac{1}{2}=7\frac{7}{8}$

⓫ $1\frac{1}{17}\times2\frac{4}{15}=2\frac{2}{5}$

⓬ $1\frac{3}{4}\times1\frac{4}{5}=3\frac{3}{20}$

⓭ $1\frac{5}{13}\times2\frac{1}{4}=3\frac{3}{26}$

⓮ $1\frac{5}{7}\times3\frac{1}{9}=5\frac{1}{3}$

⓯ $2\frac{1}{4}\times1\frac{1}{6}=2\frac{5}{8}$

⓰ $1\frac{1}{2}\times1\frac{1}{4}=1\frac{7}{8}$

자기 점수에 ○표 하세요.

맞힌 개수	8개 이하	9~12개	13~14개	15~16개
학습 방법	개념을 다시 공부하세요.	조금 더 노력하세요.	실수하면 안 돼요.	참 잘했어요.

3일차 B형 분수의 곱셈(2)

월 일
분 초
/8

정답 14쪽

다음을 계산하여 기약분수로 나타내세요.

❶ $\frac{2}{5}\times\frac{3}{4}\times\frac{5}{6}=\frac{1}{4}$

❷ $\frac{1}{8}\times\frac{7}{12}\times\frac{4}{7}=\frac{1}{24}$

❸ $\frac{5}{9}\times\frac{6}{15}\times1\frac{1}{2}=\frac{1}{3}$

❹ $7\times\frac{5}{14}\times\frac{3}{10}=\frac{3}{4}$

❺ $1\frac{2}{13}\times\frac{7}{10}\times\frac{13}{14}=\frac{3}{4}$

❻ $\frac{7}{12}\times\frac{8}{13}\times\frac{3}{14}=\frac{1}{13}$

❼ $2\frac{1}{8}\times3\frac{1}{3}\times\frac{10}{17}=4\frac{1}{6}$

❽ $3\frac{2}{3}\times2\frac{2}{5}\times\frac{9}{14}=5\frac{23}{35}$

자기 점수에 ○표 하세요.

맞힌 개수	4개 이하	5~6개	7개	8개
학습 방법	개념을 다시 공부하세요.	조금 더 노력하세요.	실수하면 안 돼요.	참 잘했어요.

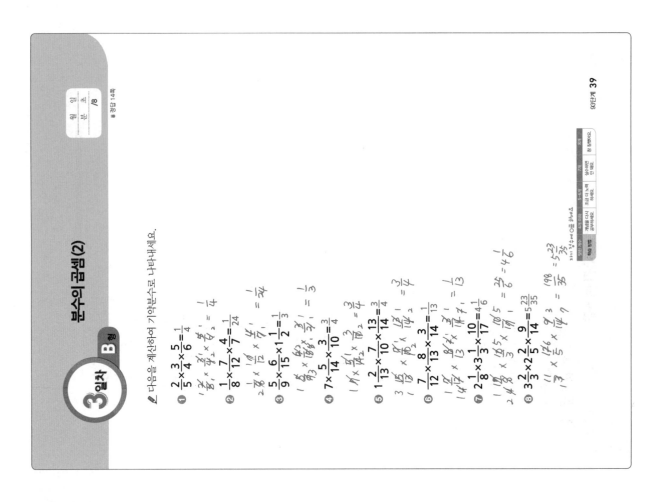

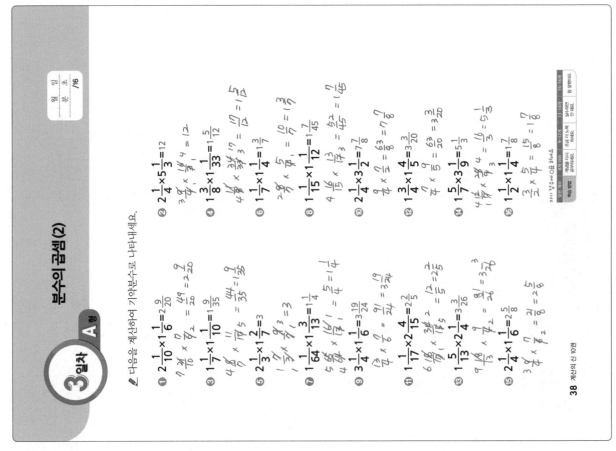

4일차 A형 분수의 곱셈(2)

월 일 / 분 초 / /16

다음을 계산하여 기약분수로 나타내세요.

❶ $1\frac{1}{2}\times1\frac{1}{6}=1\frac{3}{4}$

❷ $1\frac{1}{2}\times1\frac{3}{4}=2\frac{5}{8}$

❸ $1\frac{1}{6}\times2\frac{1}{3}=2\frac{13}{18}$

❹ $1\frac{5}{13}\times2\frac{1}{4}=3\frac{3}{26}$

❺ $3\frac{1}{2}\times1\frac{1}{6}=4\frac{1}{12}$

❻ $1\frac{1}{7}\times3\frac{1}{2}=4$

❼ $1\frac{11}{16}\times2\frac{2}{3}=4\frac{1}{2}$

❽ $1\frac{7}{8}\times2\frac{2}{5}=4\frac{1}{2}$

❾ $2\frac{3}{4}\times2\frac{2}{3}=7\frac{1}{3}$

❿ $4\frac{9}{10}\times1\frac{11}{14}=8\frac{3}{4}$

⓫ $4\frac{4}{9}\times1\frac{1}{20}=4\frac{2}{3}$

⓬ $1\frac{1}{9}\times4\frac{4}{5}=5\frac{1}{3}$

⓭ $2\frac{1}{7}\times1\frac{2}{5}=3$

⓮ $4\frac{1}{12}\times2\frac{2}{21}=8\frac{5}{9}$

⓯ $2\frac{2}{13}\times2\frac{1}{4}=4\frac{11}{13}$

⓰ $1\frac{7}{8}\times2\frac{2}{3}=5$

자기 점수에 ○표 하세요.

맞힌 개수	8개 이하	9~12개	13~14개	15~16개
학습 방법	개념을 다시 공부하세요.	조금 더 노력 하세요.	실수하면 안 돼요.	참 잘했어요.

4일차 B형 분수의 곱셈(2)

월 일 / 분 초 / /8

정답 15쪽

다음을 계산하여 기약분수로 나타내세요.

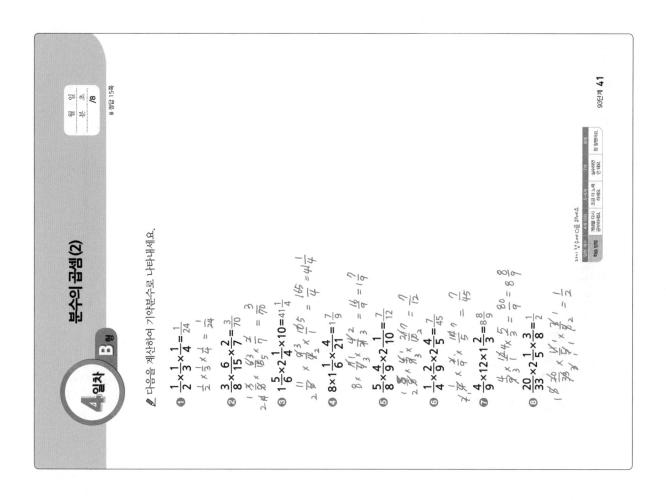

❶ $\frac{1}{2}\times\frac{1}{3}\times\frac{1}{4}=\frac{1}{24}$

❷ $\frac{3}{8}\times\frac{6}{15}\times\frac{2}{7}=\frac{3}{70}$

❸ $1\frac{5}{6}\times2\frac{1}{4}\times10=41\frac{1}{4}$

❹ $8\times1\frac{1}{6}\times\frac{4}{21}=1\frac{7}{9}$

❺ $\frac{5}{8}\times\frac{4}{9}\times2\frac{1}{10}=\frac{7}{12}$

❻ $\frac{1}{4}\times\frac{2}{9}\times2\frac{4}{5}=\frac{7}{45}$

❼ $\frac{4}{9}\times12\times1\frac{2}{3}=8\frac{8}{9}$

❽ $\frac{20}{33}\times2\frac{1}{5}\times\frac{3}{8}=\frac{1}{2}$

자기 점수에 ○표 하세요.

맞힌 개수	4개 이하	5~6개	7개	8개
학습 방법	개념을 다시 공부하세요.	조금 더 노력 하세요.	실수하면 안 돼요.	참 잘했어요.

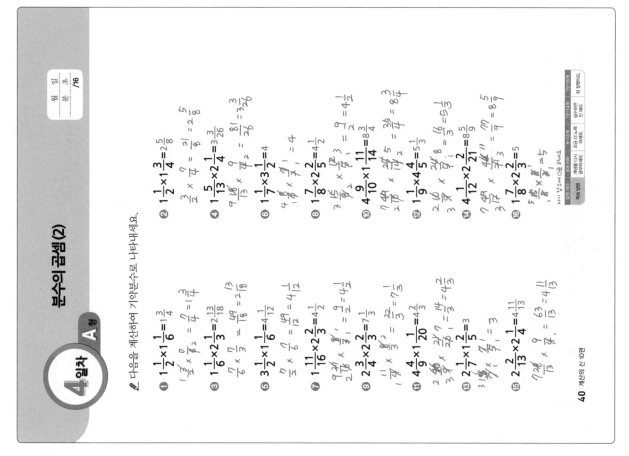

5일차 A형 분수의 곱셈(2)

월 일
분 초
/16

✎ 다음을 계산하여 기약분수로 나타내세요.

❶ $2\frac{1}{3}\times1\frac{1}{14}=2\frac{1}{2}$

❷ $1\frac{1}{7}\times2\frac{1}{4}=2\frac{4}{7}$

❸ $2\frac{1}{7}\times1\frac{4}{45}=2\frac{1}{3}$

❹ $1\frac{1}{9}\times1\frac{1}{20}=1\frac{1}{6}$

❺ $2\frac{1}{3}\times1\frac{2}{7}=3$

❻ $4\frac{1}{12}\times2\frac{2}{21}=8\frac{5}{9}$

❼ $6\frac{1}{4}\times1\frac{3}{5}=10$

❽ $2\frac{3}{4}\times1\frac{2}{11}=3\frac{1}{4}$

❾ $2\frac{1}{5}\times1\frac{9}{16}=3\frac{7}{16}$

❿ $1\frac{6}{7}\times2\frac{4}{5}=5\frac{1}{5}$

⓫ $1\frac{1}{7}\times1\frac{1}{4}=1\frac{3}{7}$

⓬ $1\frac{1}{8}\times6\frac{2}{3}=7\frac{1}{2}$

⓭ $1\frac{1}{35}\times5\frac{1}{4}=5\frac{2}{5}$

⓮ $2\frac{1}{6}\times1\frac{1}{39}=2\frac{2}{9}$

⓯ $1\frac{5}{6}\times1\frac{1}{4}=2\frac{7}{24}$

⓰ $4\frac{1}{6}\times1\frac{1}{15}=4\frac{4}{9}$

맞힌 개수	8개 이하	9~12개	13~14개	15~16개
학습 방법	개념을 다시 공부하세요.	조금 더 노력 하세요.	실수하면 안 돼요.	참 잘했어요.

5일차 B형 분수의 곱셈(2)

월 일
분 초
/8

정답 16쪽

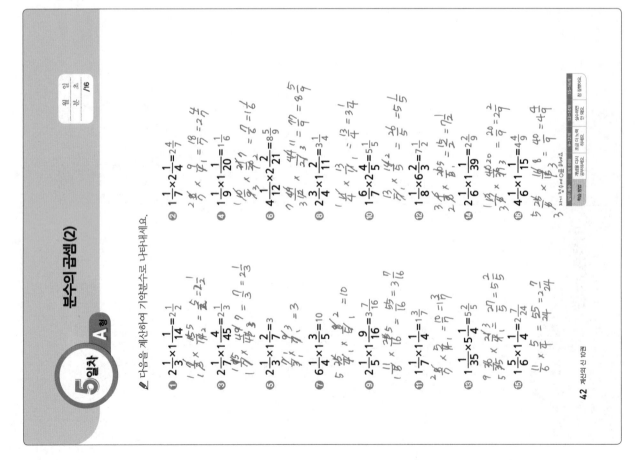

이번 단계에서는 대분수끼리의 곱셈과 세 분수의 곱셈을 공부했습니다. 다음 단계에서는 분수를 소수로 나타내기와 소수를 분수로 나타내기를 배웁니다.

✎ 다음을 계산하여 기약분수로 나타내세요.

❶ $\frac{4}{5}\times\frac{5}{9}\times\frac{1}{3}=\frac{4}{27}$

❷ $\frac{2}{3}\times\frac{11}{12}\times\frac{1}{15}=\frac{11}{270}$

❸ $3\times\frac{1}{4}\times2\frac{1}{6}=1\frac{5}{8}$

❹ $4\frac{4}{5}\times1\frac{1}{6}\times2\frac{1}{3}=13\frac{1}{15}$

❺ $\frac{5}{13}\times\frac{1}{3}\times\frac{7}{10}=\frac{7}{78}$

❻ $\frac{1}{5}\times1\frac{1}{12}\times4\frac{2}{3}=1\frac{1}{90}$

❼ $\frac{4}{5}\times4\frac{1}{6}\times2\frac{7}{9}=9\frac{7}{27}$

❽ $3\frac{1}{2}\times2\frac{11}{13}\times2=19\frac{12}{13}$

맞힌 개수	4개 이하	5~6개	7개	8개
학습 방법	개념을 다시 공부하세요.	조금 더 노력 하세요.	실수하면 안 돼요.	참 잘했어요.

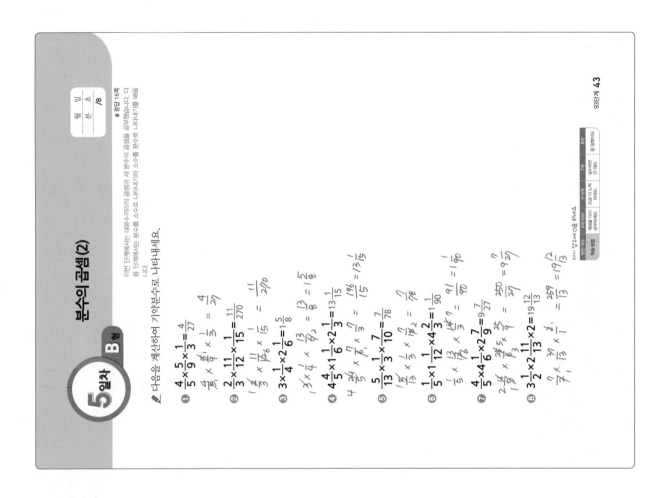

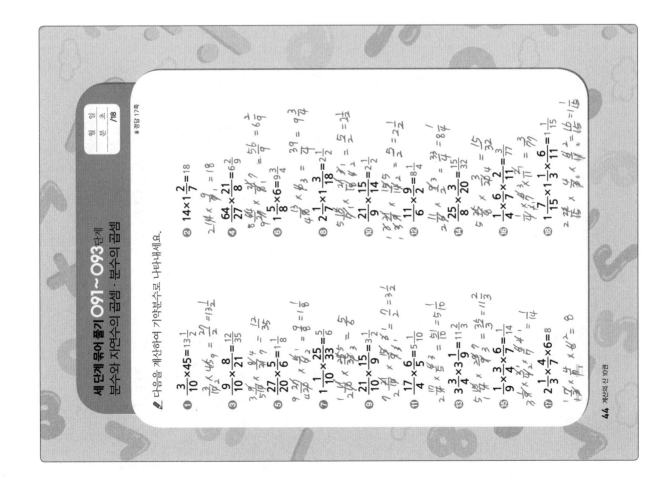

세 단계 묶어 풀기 091~093단계
분수와 자연수의 곱셈 · 분수의 곱셈

월 일 / 분 초 / /18

정답 17쪽

다음을 계산하여 기약분수로 나타내세요.

① $\frac{3}{10}\times45=13\frac{1}{2}$

② $14\times1\frac{2}{7}=18$

③ $\frac{9}{10}\times\frac{8}{21}=\frac{12}{35}$

④ $\frac{64}{27}\times\frac{21}{8}=6\frac{2}{9}$

⑤ $\frac{27}{20}\times\frac{5}{6}=1\frac{1}{8}$

⑥ $1\frac{5}{8}\times6=9\frac{3}{4}$

⑦ $1\frac{1}{10}\times\frac{25}{33}=\frac{5}{6}$

⑧ $2\frac{1}{7}\times1\frac{3}{18}=2\frac{1}{2}$

⑨ $\frac{21}{10}\times\frac{15}{9}=3\frac{1}{2}$

⑩ $\frac{21}{9}\times\frac{15}{14}=2\frac{1}{2}$

⑪ $\frac{17}{4}\times\frac{6}{5}=5\frac{1}{10}$

⑫ $\frac{11}{6}\times\frac{9}{2}=8\frac{1}{4}$

⑬ $3\frac{3}{4}\times3\frac{1}{9}=11\frac{2}{3}$

⑭ $\frac{25}{8}\times\frac{3}{20}=\frac{15}{32}$

⑮ $\frac{1}{9}\times\frac{3}{4}\times\frac{6}{7}=\frac{1}{14}$

⑯ $\frac{1}{4}\times\frac{6}{7}\times\frac{2}{11}=\frac{3}{77}$

⑰ $2\frac{1}{3}\times\frac{4}{7}\times6=8$

⑱ $1\frac{7}{15}\times1\frac{1}{3}\times\frac{6}{11}=1\frac{1}{15}$

1일차 A형 분수와 소수의 관계

월 일 / 분 초 / /16

단위분수가 어떤 소수와 같은지 잘 기억해 둬!

✎ 분수를 소수로 나타내세요.

❶ $\frac{1}{2}=0.5$

❷ $\frac{1}{4}=0.25$

❸ $\frac{1}{5}=0.2$

❹ $\frac{1}{8}=0.125$

❺ $\frac{1}{10}=0.1$

❻ $\frac{1}{20}=0.05$

❼ $\frac{1}{25}=0.04$

❽ $\frac{1}{40}=0.025$

❾ $\frac{1}{50}=0.02$

❿ $\frac{1}{100}=0.01$

⓫ $\frac{1}{125}=0.008$

⓬ $\frac{1}{200}=0.005$

⓭ $\frac{1}{250}=0.004$

⓮ $\frac{1}{500}=0.002$

⓯ $\frac{1}{1000}=0.001$

⓰ $\frac{1}{10000}=0.0001$

자기 점수에 ○표 하세요.

맞힌 개수	8개 이하	9~12개	13~14개	15~16개
학습 방법	개념을 다시 공부하세요.	조금 더 노력하세요.	실수하면 안 돼요.	참 잘했어요.

1일차 B형 분수와 소수의 관계

월 일 / 분 초 / /16

단위분수로 나타낼 수 있는 소수들이야!

▮ 정답 18쪽

✎ 소수를 기약분수로 나타내세요.

❶ $0.1=\frac{1}{10}$

❷ $0.125=\frac{1}{8}$

❸ $0.2=\frac{1}{5}$

❹ $0.25=\frac{1}{4}$

❺ $0.5=\frac{1}{2}$

❻ $0.05=\frac{1}{20}$

❼ $0.04=\frac{1}{25}$

❽ $0.025=\frac{1}{40}$

❾ $0.01=\frac{1}{100}$

❿ $0.001=\frac{1}{1000}$

⓫ $0.02=\frac{1}{50}$

⓬ $0.008=\frac{1}{125}$

⓭ $0.005=\frac{1}{200}$

⓮ $0.002=\frac{1}{500}$

⓯ $0.004=\frac{1}{250}$

⓰ $0.0001=\frac{1}{10000}$

자기 점수에 ○표 하세요.

맞힌 개수	8개 이하	9~12개	13~14개	15~16개
학습 방법	개념을 다시 공부하세요.	조금 더 노력하세요.	실수하면 안 돼요.	참 잘했어요.

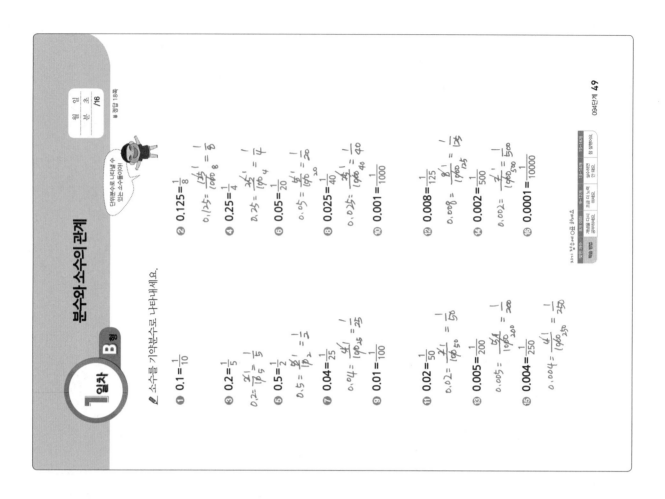

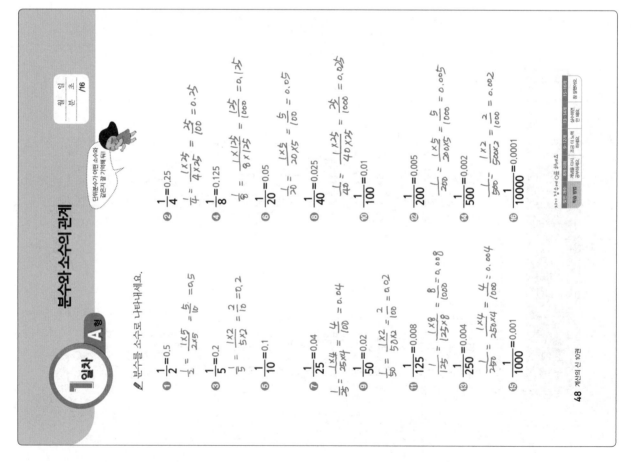

2일차 A형 분수와 소수의 관계

월 일 / 분 초 / /16

분수를 소수로 나타내세요.

① $\frac{12}{40}=0.3$

$\frac{12}{40}=\frac{12\times25}{40\times25}=\frac{300}{1000}=\frac{3}{10}=0.3$

② $\frac{73}{100}=0.73$

③ $\frac{17}{20}=0.85$

$\frac{17}{20}=\frac{17\times5}{20\times5}=\frac{85}{100}=0.85$

④ $\frac{85}{200}=0.425$

$\frac{85}{200}=\frac{85\times5}{200\times5}=\frac{425}{1000}=0.425$

⑤ $\frac{3}{4}=0.75$

$\frac{3}{4}=\frac{3\times25}{4\times25}=\frac{75}{100}=0.75$

⑥ $\frac{1}{20}=0.05$

$\frac{1}{20}=\frac{1\times5}{20\times5}=\frac{5}{100}=0.05$

⑦ $3\frac{1}{2}=3.5$

$3\frac{1}{2}=3\frac{1\times5}{2\times5}=3\frac{5}{10}=3.5$

⑧ $\frac{9}{50}=0.18$

$\frac{9}{50}=\frac{9\times2}{50\times2}=\frac{18}{100}=0.18$

⑨ $\frac{115}{100}=1.15$

$\frac{115}{100}=1\frac{15}{100}=1.15$

⑩ $\frac{8}{10}=0.8$

⑪ $\frac{302}{500}=0.604$

$\frac{302}{500}=\frac{302\times2}{500\times2}=\frac{604}{1000}=0.604$

⑫ $\frac{202}{250}=0.808$

$\frac{202}{250}=\frac{202\times4}{250\times4}=\frac{808}{1000}=0.808$

⑬ $1\frac{12}{20}=1.6$

$1\frac{12}{20}=1\frac{12\times5}{20\times5}=1\frac{60}{100}=1\frac{6}{10}=1.6$

⑭ $3\frac{100}{1000}=3.1$

$3\frac{100}{1000}=3\frac{1}{10}=3.1$

⑮ $5\frac{1}{4}=5.25$

$5\frac{1}{4}=5\frac{1\times25}{4\times25}=5\frac{25}{100}=5.25$

⑯ $\frac{28}{8}=3.5$

$\frac{28}{8}=3\frac{4}{8}=3\frac{4\times125}{8\times125}=3\frac{500}{1000}=3.5$

자기 점수에 ○표 하세요.

맞힌 개수	8개 이하	9~12개	13~14개	15~16개
학습 방법	개념을 다시 공부하세요.	조금 더 노력하세요.	실수하면 안 돼요.	참 잘했어요.

50 계산의 신 10권

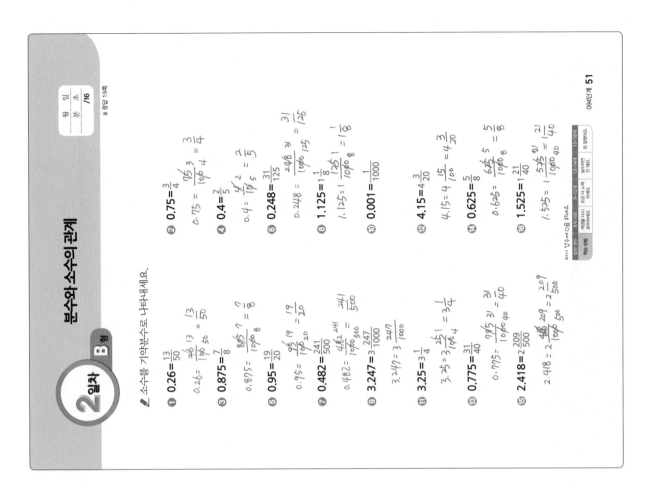

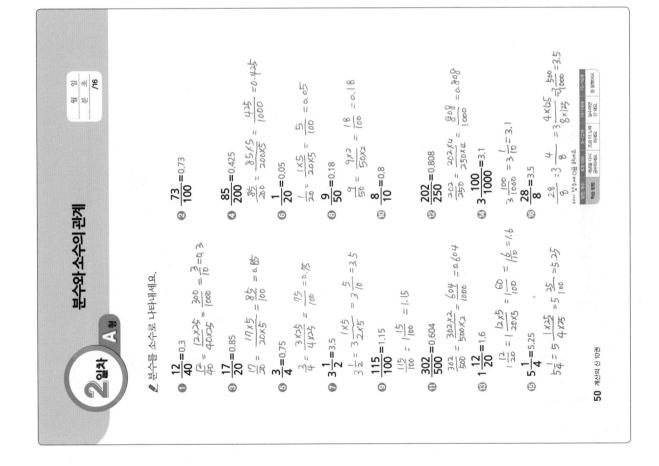

2일차 B형 분수와 소수의 관계

월 일 / 분 초 / /16

정답 19쪽

소수를 기약분수로 나타내세요.

① $0.26=\frac{13}{50}$

$0.26=\frac{26}{100}=\frac{13}{50}$

② $0.75=\frac{3}{4}$

$0.75=\frac{75}{100}=\frac{3}{4}$

③ $0.875=\frac{7}{8}$

$0.875=\frac{875}{1000}=\frac{7}{8}$

④ $0.4=\frac{2}{5}$

$0.4=\frac{4}{10}=\frac{2}{5}$

⑤ $0.95=\frac{19}{20}$

$0.95=\frac{95}{100}=\frac{19}{20}$

⑥ $0.248=\frac{31}{125}$

$0.248=\frac{248}{1000}=\frac{31}{125}$

⑦ $0.482=\frac{241}{500}$

$0.482=\frac{482}{1000}=\frac{241}{500}$

⑧ $1.125=1\frac{1}{8}$

$1.125=1\frac{125}{1000}=1\frac{1}{8}$

⑨ $3.247=3\frac{247}{1000}$

$3.247=3\frac{247}{1000}$

⑩ $0.001=\frac{1}{1000}$

⑪ $3.25=3\frac{1}{4}$

$3.25=3\frac{25}{100}=3\frac{1}{4}$

⑫ $4.15=4\frac{3}{20}$

$4.15=4\frac{15}{100}=4\frac{3}{20}$

⑬ $0.775=\frac{31}{40}$

$0.775=\frac{775}{1000}=\frac{31}{40}$

⑭ $0.625=\frac{5}{8}$

$0.625=\frac{625}{1000}=\frac{5}{8}$

⑮ $2.418=2\frac{209}{500}$

$2.418=2\frac{418}{1000}=2\frac{209}{500}$

⑯ $1.525=1\frac{21}{40}$

$1.525=1\frac{525}{1000}=1\frac{21}{40}$

자기 점수에 ○표 하세요.

맞힌 개수	8개 이하	9~12개	13~14개	15~16개
학습 방법	개념을 다시 공부하세요.	조금 더 노력하세요.	실수하면 안 돼요.	참 잘했어요.

094단계 51

3일차 A형 분수와 소수의 관계

월 일
분 초
/16

✎ 분수를 소수로 나타내세요.

❶ $\frac{11}{2}=5.5$

$\frac{11}{2}=5\frac{1}{2}=5\frac{1\times5}{2\times5}=5\frac{5}{10}=5.5$

❷ $\frac{9}{200}=0.045$

$\frac{9}{200}=\frac{9\times5}{200\times5}=\frac{45}{1000}=0.045$

❸ $\frac{6}{5}=1.2$

$\frac{6}{5}=1\frac{1}{5}=1\frac{1\times2}{5\times2}=1\frac{2}{10}=1.2$

❹ $\frac{37}{125}=0.296$

$\frac{37}{125}=\frac{37\times8}{125\times8}=\frac{296}{1000}=0.296$

❺ $\frac{13}{20}=0.65$

$\frac{13}{20}=\frac{13\times5}{20\times5}=\frac{65}{100}=0.65$

❻ $1\frac{7}{25}=1.28$

$1\frac{7}{25}=1\frac{7\times4}{25\times4}=1\frac{28}{100}=1.28$

❼ $\frac{31}{40}=0.775$

$\frac{31}{40}=\frac{31\times25}{40\times25}=\frac{775}{1000}=0.775$

❽ $\frac{49}{500}=0.098$

$\frac{49}{500}=\frac{49\times2}{500\times2}=\frac{98}{1000}=0.098$

❾ $\frac{231}{1000}=0.231$

❿ $\frac{223}{250}=0.892$

$\frac{223}{250}=\frac{223\times4}{250\times4}=\frac{892}{1000}=0.892$

⓫ $\frac{3}{125}=0.024$

$\frac{3}{125}=\frac{3\times8}{125\times8}=\frac{24}{1000}=0.024$

⓬ $\frac{25}{8}=3.125$

$\frac{25}{8}=3\frac{1}{8}=3\frac{1\times125}{8\times125}=3\frac{125}{1000}=3.125$

⓭ $4\frac{19}{50}=4.38$

$4\frac{19}{50}=4\frac{19\times2}{50\times2}=4\frac{38}{100}=4.38$

⓮ $\frac{161}{500}=0.322$

$\frac{161}{500}=\frac{161\times2}{500\times2}=\frac{322}{1000}=0.322$

⓯ $2\frac{21}{40}=2.525$

$2\frac{21}{40}=2\frac{21\times25}{40\times25}=2\frac{525}{1000}=2.525$

⓰ $2\frac{14}{10000}=2.0014$

$2\frac{14}{10000}=2.0014$

자기 점수에 ○표 하세요.

맞힌 개수	8개 이하	9-12개	13-14개	15-16개
학습 방법	개념을 다시 공부하세요.	조금 더 노력하세요.	실수하면 안 돼요.	참 잘했어요.

3일차 B형 분수와 소수의 관계

월 일
분 초
/16

※ 정답 20쪽

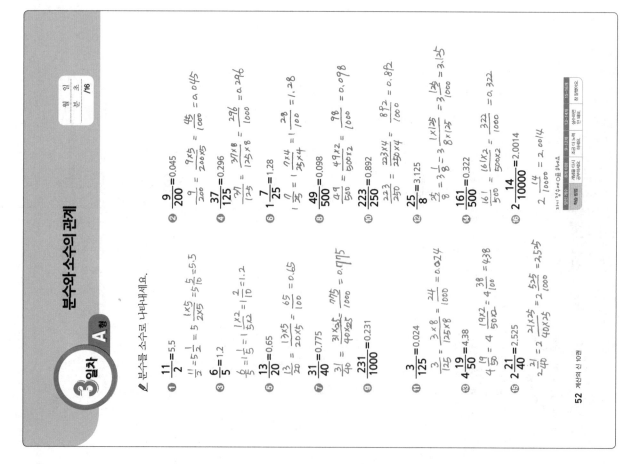

✎ 소수를 기약분수로 나타내세요.

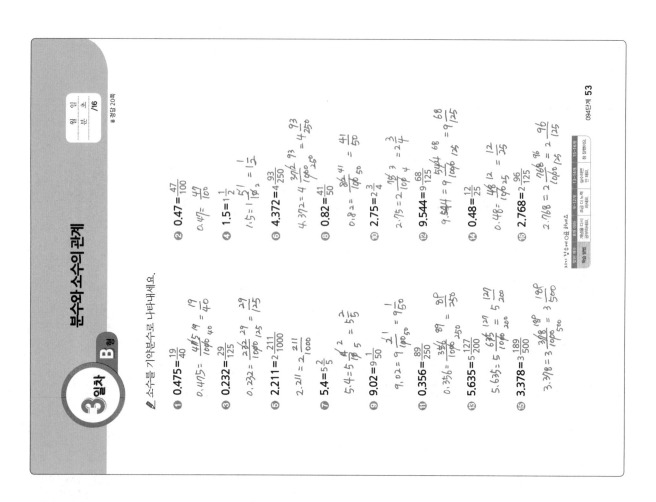

❶ $0.475=\frac{19}{40}$

$0.475=\frac{475}{1000}=\frac{19}{40}$

❷ $0.47=\frac{47}{100}$

$0.47=\frac{47}{100}$

❸ $0.232=\frac{29}{125}$

$0.232=\frac{232}{1000}=\frac{29}{125}$

❹ $1.5=1\frac{1}{2}$

$1.5=1\frac{5}{10}=1\frac{1}{2}$

❺ $2.211=2\frac{211}{1000}$

$2.211=2\frac{211}{1000}$

❻ $4.372=4\frac{93}{250}$

$4.372=4\frac{372}{1000}=4\frac{93}{250}$

❼ $5.4=5\frac{2}{5}$

$5.4=5\frac{4}{10}=5\frac{2}{5}$

❽ $0.82=\frac{41}{50}$

$0.82=\frac{82}{100}=\frac{41}{50}$

❾ $9.02=9\frac{1}{50}$

$9.02=9\frac{2}{100}=9\frac{1}{50}$

❿ $2.75=2\frac{3}{4}$

$2.75=2\frac{75}{100}=2\frac{3}{4}$

⓫ $0.356=\frac{89}{250}$

$0.356=\frac{356}{1000}=\frac{89}{250}$

⓬ $9.544=9\frac{68}{125}$

$9.544=9\frac{544}{1000}=9\frac{68}{125}$

⓭ $5.635=5\frac{127}{200}$

$5.635=5\frac{635}{1000}=5\frac{127}{200}$

⓮ $0.48=\frac{12}{25}$

$0.48=\frac{48}{100}=\frac{12}{25}$

⓯ $3.378=3\frac{189}{500}$

$3.378=3\frac{378}{1000}=3\frac{189}{500}$

⓰ $2.768=2\frac{96}{125}$

$2.768=2\frac{768}{1000}=2\frac{96}{125}$

자기 점수에 ○표 하세요.

맞힌 개수	8개 이하	9-12개	13-14개	15-16개
학습 방법	개념을 다시 공부하세요.	조금 더 노력하세요.	실수하면 안 돼요.	참 잘했어요.

4일차 A형 분수와 소수의 관계

월 일
분 초
/16

분수를 소수로 나타내세요.

❶ $3\frac{1}{4}=3.25$

$3\frac{1}{4}=3\frac{1\times25}{4\times25}=3\frac{25}{100}=3.25$

❷ $\frac{27}{50}=0.54$

$\frac{27}{50}=\frac{27\times2}{50\times2}=\frac{54}{100}=0.54$

❸ $\frac{93}{100}=0.93$

❹ $1\frac{7}{8}=1.875$

$1\frac{7}{8}=1\frac{7\times125}{8\times125}=1\frac{875}{1000}=1.875$

❺ $\frac{3}{10}=0.3$

❻ $\frac{17}{20}=0.85$

$\frac{17}{20}=\frac{17\times5}{20\times5}=\frac{85}{100}=0.85$

❼ $\frac{18}{25}=0.72$

$\frac{18}{25}=\frac{18\times4}{25\times4}=\frac{72}{100}=0.72$

❽ $5\frac{21}{40}=5.525$

$5\frac{21}{40}=5\frac{21\times25}{40\times25}=5\frac{525}{1000}=5.525$

❾ $1\frac{7}{250}=1.028$

$1\frac{7}{250}=1\frac{7\times4}{250\times4}=1\frac{28}{1000}=1.028$

❿ $\frac{7}{500}=0.014$

$\frac{7}{500}=\frac{7\times2}{500\times2}=\frac{14}{1000}=0.014$

⓫ $\frac{37}{125}=0.296$

$\frac{37}{125}=\frac{37\times8}{125\times8}=\frac{296}{1000}=0.296$

⓬ $\frac{51}{200}=0.255$

$\frac{51}{200}=\frac{51\times5}{200\times5}=\frac{255}{1000}=0.255$

⓭ $\frac{33}{250}=0.132$

$\frac{33}{250}=\frac{33\times4}{250\times4}=\frac{132}{1000}=0.132$

⓮ $\frac{297}{500}=0.594$

$\frac{297}{500}=\frac{297\times2}{500\times2}=\frac{594}{1000}=0.594$

⓯ $\frac{941}{1000}=0.941$

⓰ $1\frac{21}{1000}=1.021$

$1\frac{21}{1000}=1.021$

자기 점수에 ○표 하세요.

맞힌 개수	8개 이하	9~12개	13~14개	15~16개
학습 방법	개념을 다시 공부하세요.	조금 더 노력 하세요.	실수하면 안 돼요.	참 잘했어요.

4일차 B형 분수와 소수의 관계

월 일
분 초
/16

정답 21쪽

소수를 기약분수로 나타내세요.

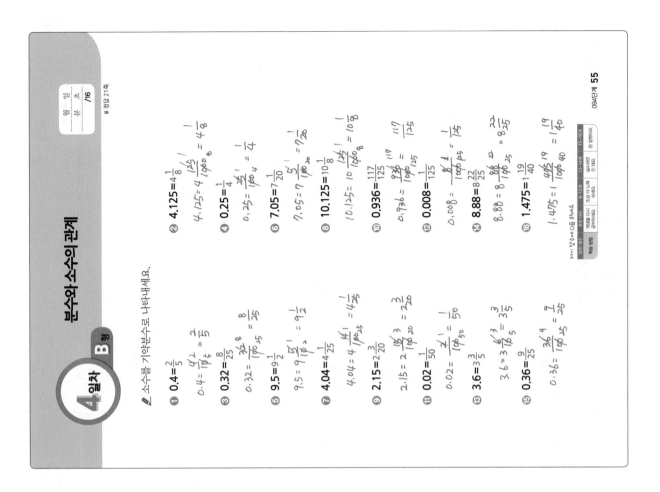

❶ $0.4=\frac{2}{5}$

$0.4=\frac{4}{10}=\frac{2}{5}$

❷ $4.125=4\frac{1}{8}$

$4.125=4\frac{125}{1000}=4\frac{1}{8}$

❸ $0.32=\frac{8}{25}$

$0.32=\frac{32}{100}=\frac{8}{25}$

❹ $0.25=\frac{1}{4}$

$0.25=\frac{25}{100}=\frac{1}{4}$

❺ $9.5=9\frac{1}{2}$

$9.5=9\frac{5}{10}=9\frac{1}{2}$

❻ $7.05=7\frac{1}{20}$

$7.05=7\frac{5}{100}=7\frac{1}{20}$

❼ $4.04=4\frac{1}{25}$

$4.04=4\frac{4}{100}=4\frac{1}{25}$

❽ $10.125=10\frac{1}{8}$

$10.125=10\frac{125}{1000}=10\frac{1}{8}$

❾ $2.15=2\frac{3}{20}$

$2.15=2\frac{15}{100}=2\frac{3}{20}$

❿ $0.936=\frac{117}{125}$

$0.936=\frac{936}{1000}=\frac{117}{125}$

⓫ $0.02=\frac{1}{50}$

$0.02=\frac{2}{100}=\frac{1}{50}$

⓬ $0.008=\frac{1}{125}$

$0.008=\frac{8}{1000}=\frac{1}{125}$

⓭ $3.6=3\frac{3}{5}$

$3.6=3\frac{6}{10}=3\frac{3}{5}$

⓮ $8.88=8\frac{22}{25}$

$8.88=8\frac{88}{100}=8\frac{22}{25}$

⓯ $0.36=\frac{9}{25}$

$0.36=\frac{36}{100}=\frac{9}{25}$

⓰ $1.475=1\frac{19}{40}$

$1.475=1\frac{475}{1000}=1\frac{19}{40}$

자기 점수에 ○표 하세요.

맞힌 개수	8개 이하	9~12개	13~14개	15~16개
학습 방법	개념을 다시 공부하세요.	조금 더 노력 하세요.	실수하면 안 돼요.	참 잘했어요.

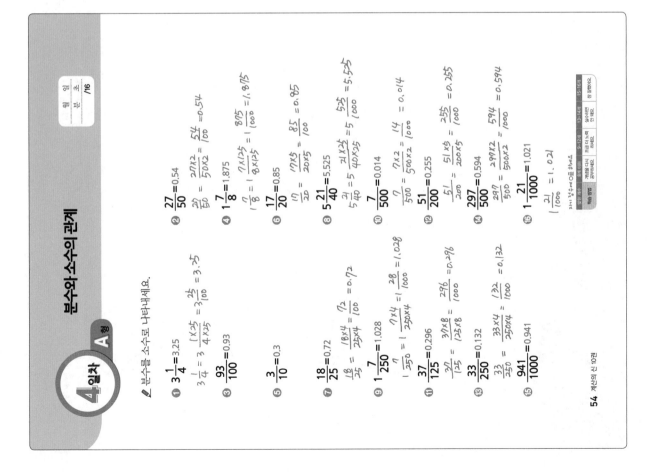

5일차 A형 분수와 소수의 관계

월 일 / 분 초 / /16

분수를 소수로 나타내세요.

❶ $\frac{5}{2}=2.5$

❷ $3\frac{1}{4}=3.25$

❸ $6\frac{3}{8}=6.375$

❹ $\frac{83}{250}=0.332$

❺ $3\frac{43}{50}=3.86$

❻ $\frac{421}{500}=0.842$

❼ $1\frac{12}{125}=1.096$

❽ $1\frac{7}{25}=1.28$

❾ $\frac{7}{50}=0.14$

❿ $4\frac{39}{50}=4.78$

⓫ $\frac{81}{250}=0.324$

⓬ $1\frac{197}{200}=1.985$

⓭ $\frac{67}{500}=0.134$

⓮ $2\frac{571}{1000}=2.571$

⓯ $3\frac{237}{250}=3.948$

⓰ $5\frac{24}{125}=5.192$

맞힌 개수	8개 이하	9~12개	13~14개	15~16개
학습 방법	개념을 다시 공부하세요.	조금 더 노력하세요.	실수하면 안 돼요.	참 잘했어요.

5일차 B형 분수와 소수의 관계

월 일 / 분 초 / /16

정답 22쪽

이번 단계에서는 분수를 소수로 나타내기와 소수를 분수로 나타내기를 배웠습니다. 다음 단계에서는 곱의 소수점의 위치를 공부합니다.

소수를 기약분수로 나타내세요.

❶ $0.1=\frac{1}{10}$

❷ $0.125=\frac{1}{8}$

❸ $7.4=7\frac{2}{5}$

❹ $0.25=\frac{1}{4}$

❺ $0.62=\frac{31}{50}$

❻ $3.264=3\frac{33}{125}$

❼ $2.898=2\frac{449}{500}$

❽ $3.75=3\frac{3}{4}$

❾ $1.475=1\frac{19}{40}$

❿ $0.001=\frac{1}{1000}$

⓫ $2.15=2\frac{3}{20}$

⓬ $0.308=\frac{77}{250}$

⓭ $2.312=2\frac{39}{125}$

⓮ $0.044=\frac{11}{250}$

⓯ $5.005=5\frac{1}{200}$

⓰ $0.175=\frac{7}{40}$

맞힌 개수	8개 이하	9~12개	13~14개	15~16개
학습 방법	개념을 다시 공부하세요.	조금 더 노력하세요.	실수하면 안 돼요.	참 잘했어요.

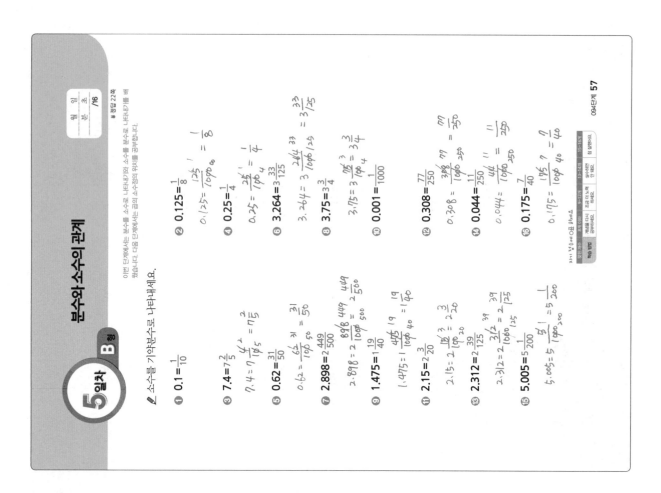

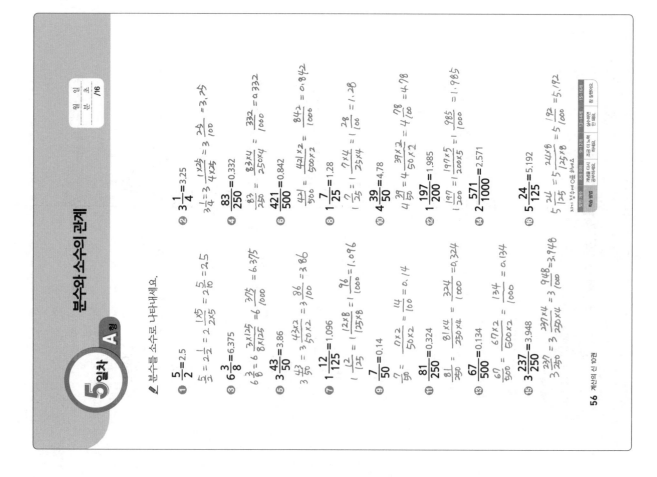

1일차 A형 곱의 소수점의 위치

월 일 / 분 초 / /18

10, 100, …의 곱하는 수의 0의 개수만큼 소수점이 이동해

다음을 계산하여 소수점의 위치를 확인하세요.

❶ 0.71×10=7.1
❷ 635×0.1=63.5
❸ 0.7×100=70
❹ 22×0.01=0.22
❺ 0.143×1000=143
❻ 913×0.001=0.913
❼ 0.13×10=1.3
❽ 54×0.1=5.4
❾ 0.43×100=43
❿ 255×0.01=2.55
⓫ 0.348×1000=348
⓬ 8631×0.001=8.631
⓭ 0.589×10=5.89
⓮ 506×0.1=50.6
⓯ 0.417×100=41.7
⓰ 45×0.01=0.45
⓱ 0.3×1000=300
⓲ 96×0.001=0.096

자기 점수에 ○표 하세요.

맞힌 개수	10개 이하	11~14개	15~16개	17~18개
학습 방법	개념을 다시 공부하세요.	조금 더 노력하세요.	실수하면 안 돼요.	참 잘했어요.

1일차 B형 곱의 소수점의 위치

월 일 / 분 초 / /16

정답 23쪽

곱하는 두 수의 소수점 아래 자리수를 더해봐

주어진 식을 보고 계산하세요.

❶ 3×8=24
0.3×0.8=0.24

❷ 7×9=63
0.7×0.9=0.63

❸ 11×5=55
1.1×0.5=0.55

❹ 3×18=54
3×0.18=0.54

❺ 7×13=91
7×0.13=0.91

❻ 6×23=138
0.6×23=13.8

❼ 44×3=132
4.4×3=13.2

❽ 63×6=378
63×0.6=37.8

❾ 61×8=488
61×0.08=4.88

❿ 62×14=868
62×0.14=8.68

⓫ 123×5=615
12.5×0.5=6.15

⓬ 46×27=1242
4.6×2.7=12.42

⓭ 4.1×18=73.8
4.1×0.18=0.738

⓮ 36×1.7=61.2
3.6×1.7=6.12

⓯ 58×0.33=19.14
5.8×0.33=1.914

⓰ 0.73×28=20.44
0.73×2.8=2.044

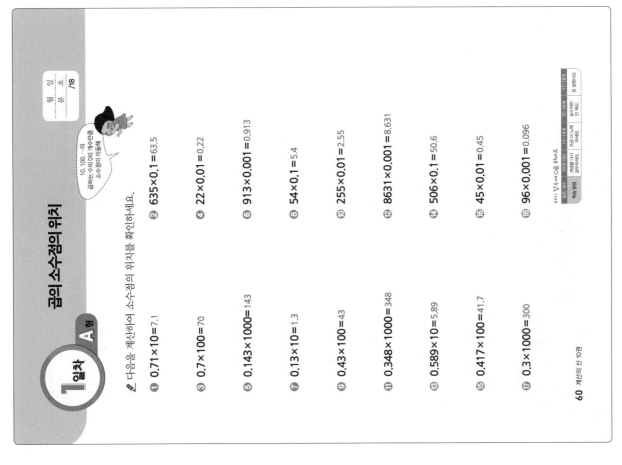

자기 점수에 ○표 하세요.

맞힌 개수	8개 이하	9~12개	13~14개	15~16개
학습 방법	개념을 다시 공부하세요.	조금 더 노력하세요.	실수하면 안 돼요.	참 잘했어요.

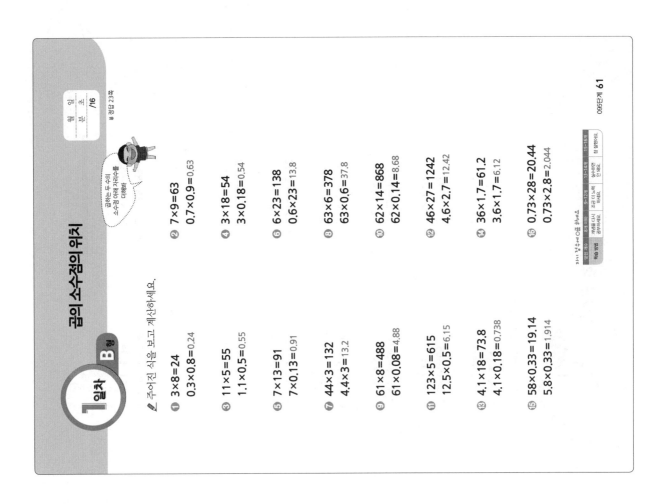

2일차 A형 곱의 소수점의 위치

월 일 분 초 /18

다음을 계산하여 소수점의 위치를 확인하세요.

❶ 0.35×100=35
❷ 704×0.001=0.704
❸ 1.02×10=10.2
❹ 223×0.1=22.3
❺ 1.7×1000=1700
❻ 82×0.01=0.82
❼ 3.875×100=387.5
❽ 5×0.1=0.5
❾ 0.07×100=7
❿ 174×0.001=0.174
⓫ 2.74×100=274
⓬ 11×0.01=0.11
⓭ 0.59×1000=590
⓮ 40×0.1=4
⓯ 2.103×10=21.03
⓰ 6×0.01=0.06
⓱ 0.72×100=72
⓲ 663×0.1=66.3

자기 점수에 ○표 하세요

맞힌 개수	10개 이하	11~14개	15~16개	17~18개
학습 방법	개념을 다시 공부하세요.	조금 더 노력 하세요.	실수하면 안 돼요.	참 잘했어요.

2일차 B형 곱의 소수점의 위치

월 일 분 초 /16

정답 24쪽

주어진 식을 보고 계산하세요.

❶ 4×9=36
4×0.9=3.6

❷ 6×8=48
0.6×0.8=0.48

❸ 3×15=65
3×0.15=0.65

❹ 18×4=72
1.8×0.4=0.72

❺ 45×8=360
0.45×8=3.6

❻ 6×23=138
0.6×23=13.8

❼ 15×19=285
1.5×1.9=2.85

❽ 57×12=684
5.7×1.2=6.84

❾ 29×16=464
29×0.16=4.64

❿ 63×44=2772
0.63×44=27.72

⓫ 89×8=801
89×0.8=80.1

⓬ 68×59=4012
68×0.59=40.12

⓭ 54×0.67=36.18
0.54×0.67=0.3618

⓮ 1.15×55=63.25
1.15×5.5=6.325

⓯ 4.3×69=296.7
0.43×6.9=2.967

⓰ 2.2×38=83.6
2.2×3.8=8.36

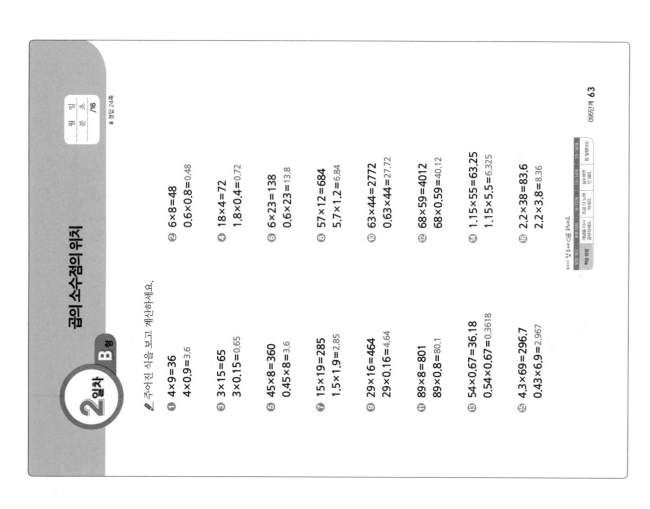

자기 점수에 ○표 하세요

맞힌 개수	8개 이하	9~12개	13~14개	15~16개
학습 방법	개념을 다시 공부하세요.	조금 더 노력 하세요.	실수하면 안 돼요.	참 잘했어요.

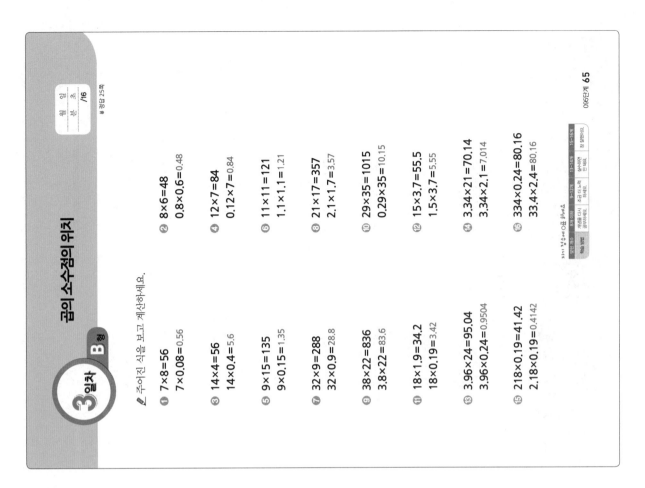

3일차 A형 곱의 소수점의 위치

월 일
분 초
/18

다음을 계산하여 소수점의 위치를 확인하세요.

① 1.8×100=180
② 52×0.01=0.52
③ 1.22×1000=1220
④ 3×0.1=0.3
⑤ 0.149×10=1.49
⑥ 824×0.001=0.824
⑦ 2.9×100=290
⑧ 35×0.1=3.5
⑨ 3.75×100=375
⑩ 14×0.001=0.014
⑪ 0.91×10=9.1
⑫ 151×0.1=15.1
⑬ 1.088×1000=1088
⑭ 40×0.01=0.4
⑮ 2.47×100=247
⑯ 83×0.001=0.083
⑰ 0.08×100=8
⑱ 44×0.1=4.4

자기 점수에 ○표 하세요

맞힌 개수	10개 이하	11~14개	15~16개	17~18개
학습 방법	개념을 다시 공부하세요.	조금 더 노력 하세요.	실수하면 안 돼요.	참 잘했어요.

3일차 B형 곱의 소수점의 위치

월 일
분 초
/16

정답 25쪽

주어진 식을 보고 계산하세요.

① 7×8=56
7×0.08=0.56

② 8×6=48
0.8×0.6=0.48

③ 14×4=56
14×0.4=5.6

④ 12×7=84
0.12×7=0.84

⑤ 9×15=135
9×0.15=1.35

⑥ 11×11=121
1.1×1.1=1.21

⑦ 32×9=288
32×0.9=28.8

⑧ 21×17=357
2.1×1.7=3.57

⑨ 38×22=836
3.8×22=83.6

⑩ 29×35=1015
0.29×35=10.15

⑪ 18×1.9=34.2
18×0.19=3.42

⑫ 15×3.7=55.5
1.5×3.7=5.55

⑬ 3.96×24=95.04
3.96×0.24=0.9504

⑭ 3.34×21=70.14
3.34×2.1=7.014

⑮ 218×0.19=41.42
2.18×0.19=0.4142

⑯ 334×0.24=80.16
33.4×2.4=80.16

자기 점수에 ○표 하세요

맞힌 개수	8개 이하	9~12개	13~14개	15~16개
학습 방법	개념을 다시 공부하세요.	조금 더 노력 하세요.	실수하면 안 돼요.	참 잘했어요.

4일차 A형 곱의 소수점의 위치

월 일 / 분 초 / /18

다음을 계산하여 소수점의 위치를 확인하세요.

❶ $10.1\times10=$101
❷ $13\times0.001=$0.013
❸ $0.7\times1000=$700
❹ $861\times0.1=$86.1
❺ $5.39\times100=$539
❻ $7\times0.01=$0.07
❼ $8.3\times1000=$8300
❽ $202\times0.001=$0.202
❾ $0.3\times10=$3
❿ $13\times0.01=$0.13
⓫ $8.474\times100=$847.4
⓬ $231\times0.1=$23.1
⓭ $12.06\times100=$1206
⓮ $600\times0.01=$6
⓯ $0.07\times1000=$70
⓰ $5\times0.001=$0.005
⓱ $3.5\times10=$35
⓲ $72\times0.1=$7.2

자기 점수에 ○표 하세요

맞힌 개수	10개 이하	11~14개	15~16개	17~18개
학습 방법	개념을 다시 공부하세요.	조금 더 노력하세요.	실수하면 안 돼요.	참 잘했어요.

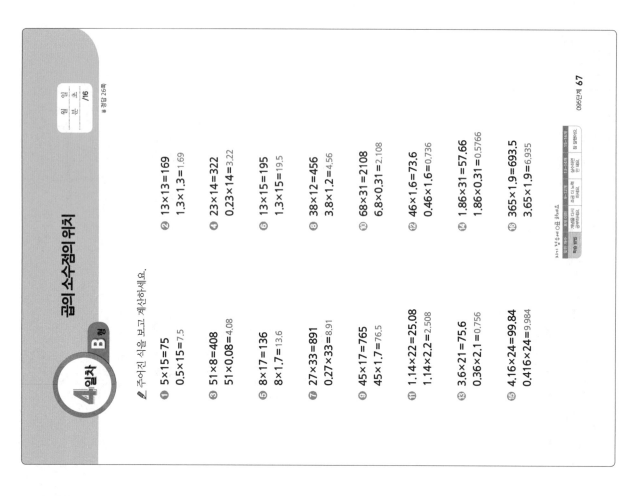

4일차 B형 곱의 소수점의 위치

월 일 / 분 초 / /16

정답 26쪽

주어진 식을 보고 계산하세요.

❶ $5\times15=75$
$0.5\times15=$7.5

❷ $13\times13=169$
$1.3\times1.3=$1.69

❸ $51\times8=408$
$51\times0.08=$4.08

❹ $23\times14=322$
$0.23\times14=$3.22

❺ $8\times17=136$
$8\times1.7=$13.6

❻ $13\times15=195$
$1.3\times15=$19.5

❼ $27\times33=891$
$0.27\times33=$8.91

❽ $38\times12=456$
$3.8\times1.2=$4.56

❾ $45\times17=765$
$45\times1.7=$76.5

❿ $68\times31=2108$
$6.8\times0.31=$2.108

⓫ $1.14\times22=25.08$
$1.14\times2.2=$2.508

⓬ $46\times1.6=73.6$
$0.46\times1.6=$0.736

⓭ $3.6\times21=75.6$
$0.36\times2.1=$0.756

⓮ $1.86\times31=57.66$
$1.86\times0.31=$0.5766

⓯ $4.16\times24=99.84$
$0.416\times24=$9.984

⓰ $365\times1.9=693.5$
$3.65\times1.9=$6.935

자기 점수에 ○표 하세요

맞힌 개수	8개 이하	9~12개	13~14개	15~16개
학습 방법	개념을 다시 공부하세요.	조금 더 노력하세요.	실수하면 안 돼요.	참 잘했어요.

5일차 A형 곱의 소수점의 위치

월 일 / 분 초 / /18

다음을 계산하여 소수점의 위치를 확인하세요.

① 7.3×1000=7300
② 23×0.001=0.023
③ 0.445×10=4.45
④ 81×0.01=0.81
⑤ 2.8×100=280
⑥ 748×0.01=7.48
⑦ 3.69×100=369
⑧ 5×0.001=0.005
⑨ 12.33×10=123.3
⑩ 96×0.01=0.96
⑪ 1.005×10=10.05
⑫ 4×0.1=0.4
⑬ 3.9×100=390
⑭ 200×0.1=20
⑮ 0.01×1000=10
⑯ 506×0.001=0.506
⑰ 3.4×1000=3400
⑱ 147×0.01=1.47

자기 점수에 ○표 하세요

맞힌 개수	10개 이하	11~14개	15~16개	17~18개
학습 방법	개념을 다시 공부하세요.	조금 더 노력 하세요.	실수하면 안 돼요.	참 잘했어요.

5일차 B형 곱의 소수점의 위치

월 일 / 분 초 / /16

정답 27쪽

이번 단계에서는 곱의 소수점이 이동하는 경우를 공부했습니다. 다음 단계에서는 소수와 자연수의 곱셈에 대해 배웁니다.

주어진 식을 보고 계산하세요.

① 4×8=32
0.04×8=0.32

② 6×7=42
0.6×0.7=0.42

③ 17×4=68
1.7×0.4=0.68

④ 5×19=95
5×1.9=9.5

⑤ 32×6=192
32×0.6=19.2

⑥ 38×4=152
3.8×0.4=1.52

⑦ 36×27=972
3.6×2.7=9.72

⑧ 57×46=2622
0.57×4.6=2.622

⑨ 48×84=4032
4.8×8.4=40.32

⑩ 79×58=4582
0.79×58=45.82

⑪ 186×21=5766
1.86×2.1=5.766

⑫ 318×24=7950
31.8×2.4=79.50

⑬ 24×1.6=38.4
0.24×1.6=0.384

⑭ 23×2.3=52.9
2.3×0.23=0.529

⑮ 0.82×24=19.68
0.82×2.4=1.968

⑯ 154×1.28=197.12
15.4×0.128=1.9712

자기 점수에 ○표 하세요

맞힌 개수	8개 이하	9~12개	13~14개	15~16개
학습 방법	개념을 다시 공부하세요.	조금 더 노력 하세요.	실수하면 안 돼요.	참 잘했어요.

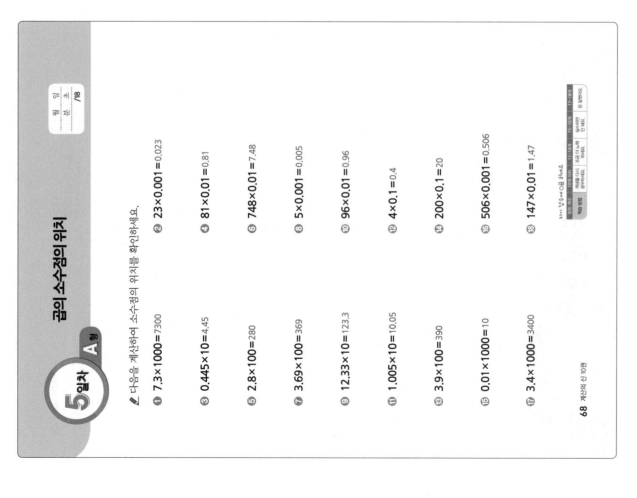

1일차 A형 소수와 자연수의 곱셈

월 일 / 분 초 / /12

소수점 위치를 잘 맞춰서 찍어.

곱셈을 하세요.

❶

			0.	7
×				8
			5.	6

❷

			6.	4
×				7
		4	4.	8

❸

			8	3
×			0.	6
		4	9.	8

❹

			2.	6
×			1	7
		1	8	2
		2	6	
		4	4.	2

❺

				8
×		0.	6	4
			3	2
		4	8	
		5.	1	2

❻

			7.	2
×			3	7
		5	0	4
	2	1	6	
	2	6	6.	4

❼

		3	0	0
×			2.	4
	1	2	0	0
	6	0	0	
	7	2	0	

❽

			0.	7
×			4	0
		2	8	

❾

		0.	0	4
×			9	6
			2	4
		3	6	
		3.	8	4

❿

				8
×		1	5.	7
			5	6
		4	0	
		8		
	1	2	5.	6

⓫

				3
×		8.	9	2
				6
		2	7	
	2	4		
	2	6.	7	6

⓬

			2	3
×		3.	1	8
		1	8	4
		2	3	
	6	9		
	7	3.	1	4

자기 점수에 ○표 하세요

맞힌 개수	6개 이하	7~8개	9~10개	11~12개
학습 방법	개념을 다시 공부하세요.	조금 더 노력 하세요.	실수하면 안 돼요.	참 잘했어요.

1일차 B형 소수와 자연수의 곱셈

월 일 / 분 초 / /9

정답 28쪽

직접 세로셈으로 써서 계산해 봐!

곱셈을 하세요.

❶ 2.37×14

		2.	3	7
×			1	4
		9	4	8
	2	3	7	
	3	3.	1	8

❷ 0.27×36

		0.	2	7
×			3	6
		1	6	2
		8	1	
		9.	7	2

❸ 48×0.19

			4	8
×		0.	1	9
		4	3	2
		4	8	
		9.	1	2

❹ 0.51×12

		0.	5	1
×			1	2
		1	0	2
		5	1	
		6.	1	2

❺ 32×0.23

			3	2
×		0.	2	3
			9	6
		6	4	
		7.	3	6

❻ 5×0.03

				5
×		0.	0	3
		0.	1	5

❼ 4×3.14

				4
×		3.	1	4
			1	6
			4	
	1	2		
	1	2.	5	6

❽ 8.1×135

			8.	1
×		1	3	5
		4	0	5
	2	4	3	
	8	1		
1	0	9	3.	5

❾ 12×52.3

			1	2
×		5	2.	3
			3	6
		2	4	
	6	0		
	6	2	7.	6

자기 점수에 ○표 하세요

맞힌 개수	4개 이하	5~6개	7~8개	9개
학습 방법	개념을 다시 공부하세요.	조금 더 노력 하세요.	실수하면 안 돼요.	참 잘했어요.

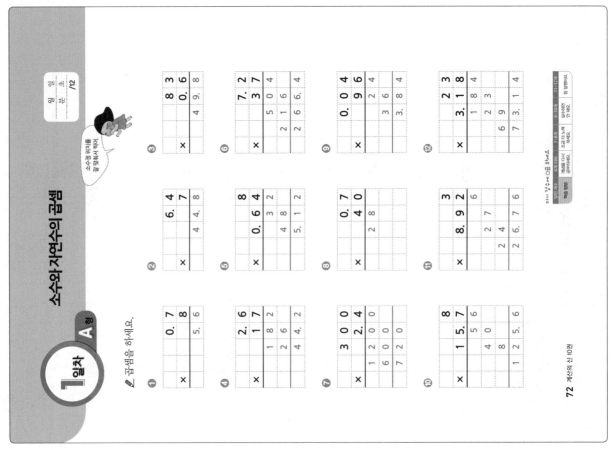

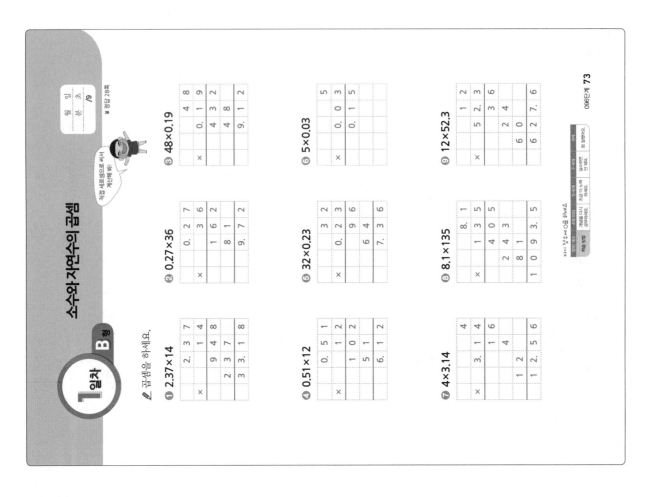

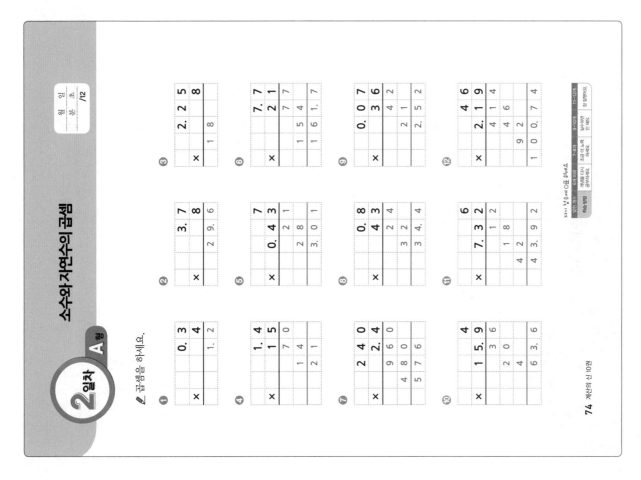

2일차 A형 소수와 자연수의 곱셈

월 일 / 분 초 / /12

곱셈을 하세요.

❶

			0.	3
×				4
			1.	2

❷

			3.	7
×				8
		2	9.	6

❸

		2.	2	5
×				8
	1	8		

❹

			1.	4
×			1	5
			7	0
		1	4	
		2	1	

❺

				7
×		0.	4	3
			2	1
		2	8	
		3.	0	1

❻

			7.	7
×			2	1
			7	7
		1	5	4
		1	6	1.	7

❼

		2	4	0
×			2.	4
		9	6	0
	4	8	0	
	5	7	6	

❽

			0.	8
×			4	3
			2	4
		3	2	
		3	4.	4

❾

		0.	0	7
×			3	6
			4	2
		2	1	
		2.	5	2

❿

				4
×		1	5.	9
			3	6
		2	0	
		4		
		6	3.	6

⓫

				6
×		7.	3	2
			1	2
		1	8	
	4	2		
	4	3.	9	2

⓬

			4	6
×		2.	1	9
		4	1	4
		4	6	
	9	2		
1	0	0.	7	4

자기 점수에 ○표 하세요

맞힌 개수	6개 이하	7~8개	9~10개	11~12개
학습 방법	개념을 다시 공부하세요.	조금 더 노력 하세요.	실수하면 안 돼요.	참 잘했어요.

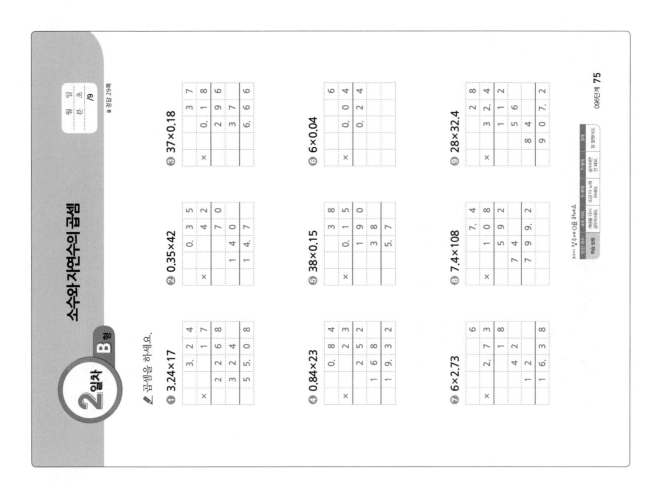

2일차 B형 소수와 자연수의 곱셈

월 일 / 분 초 / /9

정답 29쪽

곱셈을 하세요.

❶ 3.24×17

		3.	2	4
×			1	7
	2	2	6	8
	3	2	4	
	5	5.	0	8

❷ 0.35×42

		0.	3	5
×			4	2
			7	0
	1	4	0	
	1	4.	7	

❸ 37×0.18

			3	7
×		0.	1	8
		2	9	6
		3	7	
		6.	6	6

❹ 0.84×23

		0.	8	4
×			2	3
		2	5	2
	1	6	8	
	1	9.	3	2

❺ 38×0.15

			3	8
×		0.	1	5
		1	9	0
		3	8	
		5.	7	

❻ 6×0.04

				6
×		0.	0	4
		0.	2	4

❼ 6×2.73

				6
×		2.	7	3
			1	8
		4	2	
	1	2		
	1	6.	3	8

❽ 7.4×108

			7.	4
×		1	0	8
		5	9	2
	7	4		
	7	9	9.	2

❾ 28×32.4

			2	8
×		3	2.	4
		1	1	2
		5	6	
	8	4		
	9	0	7.	2

자기 점수에 ○표 하세요

맞힌 개수	4개 이하	5~6개	7~8개	9개
학습 방법	개념을 다시 공부하세요.	조금 더 노력 하세요.	실수하면 안 돼요.	참 잘했어요.

3일차 A형 소수와 자연수의 곱셈

월 일
분 초
/12

곱셈을 하세요.

❶

			0.	9
×				2
			1.	8

❷

			4.	2
×				8
		3	3.	6

❸

			4	9
×			0.	9
		4	4.	1

❹

			1.	3
×			2	8
		1	0	4
		2	6	
		3	6.	4

❺

				9
×		0.	5	2
			1	8
		4	5	
		4.	6	8

❻

			6.	7
×			1	3
		2	0	1
		6	7	
		8	7.	1

❼

		7	0	0
×			3.	5
	3	5	0	0
2	1	0	0	
2	4	5	0	

❽

			0.	9
×			8	0
		7	2	

❾

		0.	0	6
×			8	3
			1	8
		4	8	
		4.	9	8

❿

				7
×		3	6.	9
			6	3
		4	2	
	2	1		
	2	5	8.	3

⓫

				4
×		7.	5	3
			1	2
		2	0	
	2	8		
	3	0.	1	2

⓬

			2	7
×		6.	3	4
		1	0	8
		8	1	
1	6	2		
1	7	1.	1	8

자기 점수에 ○표 하세요

맞힌 개수	6개 이하	7~8개	9~10개	11~12개
학습 방법	개념을 다시 공부하세요.	조금 더 노력하세요.	실수하면 안 돼요.	참 잘했어요.

3일차 B형 소수와 자연수의 곱셈

월 일
분 초
/9

정답 30쪽

곱셈을 하세요.

❶ 4.83×23

		4.	8	3
×			2	3
	1	4	4	9
	9	6	6	
1	1	1.	0	9

❷ 0.34×56

		0.	3	4
×			5	6
		2	0	4
	1	7	0	
	1	9.	0	4

❸ 47×0.23

			4	7
×		0.	2	3
		1	4	1
		9	4	
	1	0.	8	1

❹ 0.57×32

		0.	5	7
×			3	2
		1	1	4
	1	7	1	
	1	8.	2	4

❺ 27×0.48

			2	7
×		0.	4	8
		2	1	6
	1	0	8	
	1	2.	9	6

❻ 5×0.02

				5
×		0.	0	2
		0.	1	

❼ 6×2.89

				6
×		2.	8	9
			5	4
		4	8	
	1	2		
	1	7.	3	4

❽ 5.7×253

			5.	7
×		2	5	3
		1	7	1
	2	8	5	
1	1	4		
1	4	4	2.	1

❾ 45×38.6

			4	5
×		3	8.	6
		2	7	0
	3	6	0	
1	3	5		
1	7	3	7	

자기 점수에 ○표 하세요

맞힌 개수	4개 이하	5~6개	7~8개	9개
학습 방법	개념을 다시 공부하세요.	조금 더 노력하세요.	실수하면 안 돼요.	참 잘했어요.

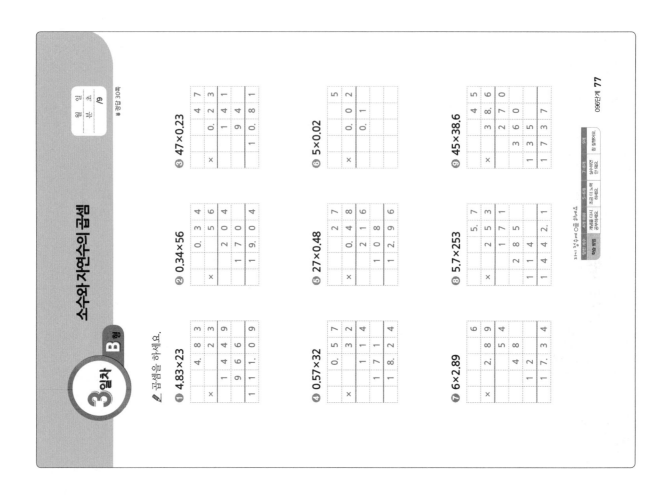

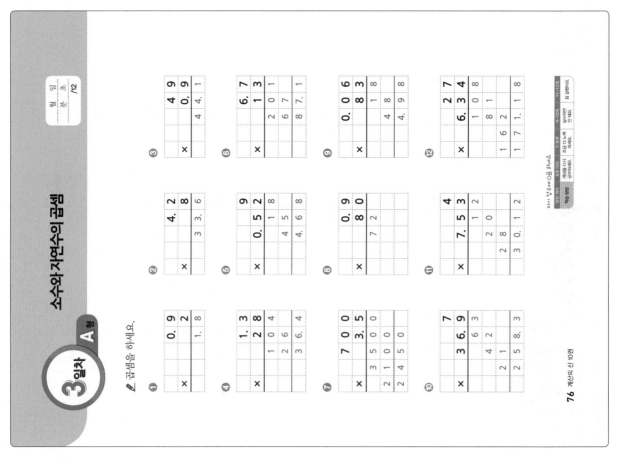

4일차 A형 소수와 자연수의 곱셈

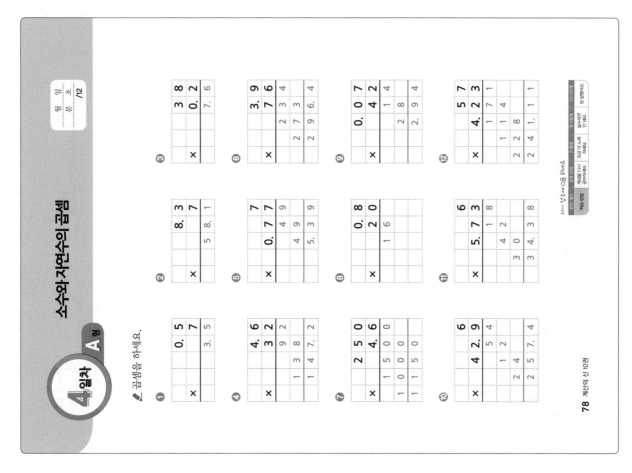

월 일
분 초
/12

곱셈을 하세요.

❶

			0.	5
×				7
			3.	5

❷

			8.	3
×				7
		5	8.	1

❸

			3	8
×			0.	2
			7.	6

❹

			4.	6
×			3	2
			9	2
	1	3	8	
	1	4	7.	2

❺

				7
×		0.	7	7
			4	9
		4	9	
		5.	3	9

❻

			3.	9
×			7	6
		2	3	4
	2	7	3	
	2	9	6.	4

❼

		2	5	0
×			4.	6
	1	5	0	0
1	0	0	0	
1	1	5	0	

❽

			0.	8
×			2	0
		1	6	

❾

		0.	0	7
×			4	2
			1	4
		2	8	
		2.	9	4

❿

				6
×		4	2.	9
			5	4
		1	2	
	2	4		
	2	5	7.	4

⓫

				6
×		5.	7	3
			1	8
		4	2	
	3	0		
	3	4.	3	8

⓬

			5	7
×		4.	2	3
		1	7	1
	1	1	4	
2	2	8		
2	4	1.	1	1

자기 점수에 ○표 하세요

맞힌 개수	6개 이하	7~8개	9~10개	11~12개
학습 방법	개념을 다시 공부하세요.	조금 더 노력하세요.	실수하면 안 돼요.	참 잘했어요.

4일차 B형 소수와 자연수의 곱셈

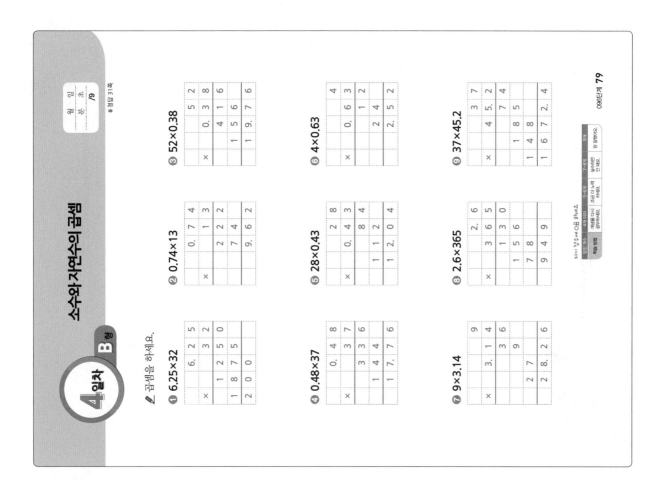

월 일
분 초
/9

정답 31쪽

곱셈을 하세요.

❶ 6.25×32

		6.	2	5
×			3	2
	1	2	5	0
1	8	7	5	
2	0	0		

❷ 0.74×13

		0.	7	4
×			1	3
		2	2	2
		7	4	
		9.	6	2

❸ 52×0.38

			5	2
×		0.	3	8
		4	1	6
	1	5	6	
	1	9.	7	6

❹ 0.48×37

		0.	4	8
×			3	7
		3	3	6
	1	4	4	
	1	7.	7	6

❺ 28×0.43

			2	8
×		0.	4	3
			8	4
	1	1	2	
	1	2.	0	4

❻ 4×0.63

				4
×		0.	6	3
			1	2
		2	4	
		2.	5	2

❼ 9×3.14

				9
×		3.	1	4
			3	6
			9	
	2	7		
	2	8.	2	6

❽ 2.6×365

			2.	6
×		3	6	5
		1	3	0
	1	5	6	
	7	8		
	9	4	9	

❾ 37×45.2

			3	7
×		4	5.	2
			7	4
	1	8	5	
1	4	8		
1	6	7	2.	4

자기 점수에 ○표 하세요

맞힌 개수	4개 이하	5~6개	7~8개	9개
학습 방법	개념을 다시 공부하세요.	조금 더 노력하세요.	실수하면 안 돼요.	참 잘했어요.

5일차 A형 소수와 자연수의 곱셈

월 일 / 분 초 / /12

곱셈을 하세요.

❶

			0.	3
×				9
			2.	7

❷

			5.	9
×				4
		2	3.	6

❸

			2	8
×			0.	9
		2	5.	2

❹

			5.	6
×			6	3
		1	6	8
	3	3	6	
	3	5	2.	8

❺

				6
×		0.	9	2
			1	2
		5	4	
		5.	5	2

❻

			8.	7
×			2	6
		5	2	2
	1	7	4	
	2	2	6.	2

❼

		4	0	0
×			3.	6
	2	4	0	0
1	2	0	0	
1	4	4	0	

❽

			0.	5
×			9	0
		4	5	

❾

		0.	0	7
×			2	8
			5	6
		1	4	
		1.	9	6

❿

				3
×		3	2.	4
			1	2
			6	
		9		
		9	7.	2

⓫

				8
×		5.	6	7
			5	6
		4	8	
	4	0		
	4	5.	3	6

⓬

			2	7
×		6.	3	5
		1	3	5
		8	1	
1	6	2		
1	7	1.	4	5

자기 점수에 ○표 하세요

맞힌 개수	6개 이하	7~8개	9~10개	11~12개
학습 방법	개념을 다시 공부하세요.	조금 더 노력하세요.	실수하면 안 돼요.	참 잘했어요.

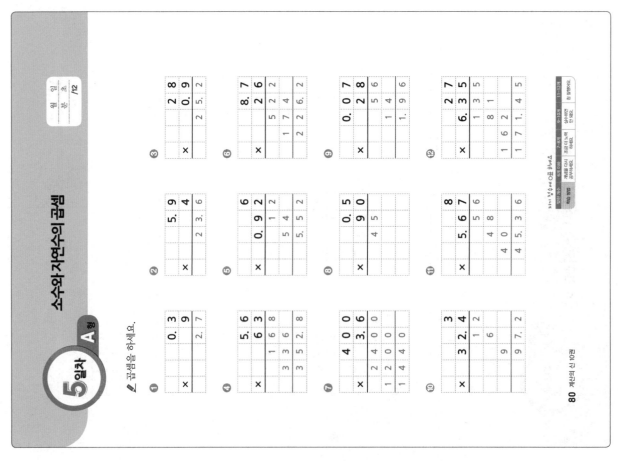

5일차 B형 소수와 자연수의 곱셈

월 일 / 분 초 / /9

정답 32쪽

이번 단계에서는 소수와 자연수, 자연수와 소수의 곱셈을 공부했습니다. 다음 단계에서는 1보다 작은 소수끼리의 곱셈을 연습합니다.

곱셈을 하세요.

❶ 1.99×38

		1.	9	9
×			3	8
	1	5	9	2
	5	9	7	
	7	5.	6	2

❷ 0.87×54

		0.	8	7
×			5	4
		3	4	8
	4	3	5	
	4	6.	9	8

❸ 95×0.12

			9	5
×		0.	1	2
		1	9	0
		9	5	
	1	1.	4	

❹ 0.76×95

		0.	7	6
×			9	5
		3	8	0
	6	8	4	
	7	2.	2	

❺ 43×0.27

			4	3
×		0.	2	7
		3	0	1
		8	6	
	1	1.	6	1

❻ 7×0.02

				7
×		0.	0	2
		0.	1	4

❼ 8×7.26

				8
×		7.	2	6
			4	8
		1	6	
	5	6		
	5	8.	0	8

❽ 5.6×495

			5.	6
×		4	9	5
		2	8	0
	5	0	4	
2	2	4		
2	7	7	2	

❾ 17×42.7

			1	7
×		4	2.	7
		1	1	9
		3	4	
	6	8		
	7	2	5.	9

자기 점수에 ○표 하세요

맞힌 개수	4개 이하	5~6개	7~8개	9개
학습 방법	개념을 다시 공부하세요.	조금 더 노력하세요.	실수하면 안 돼요.	참 잘했어요.

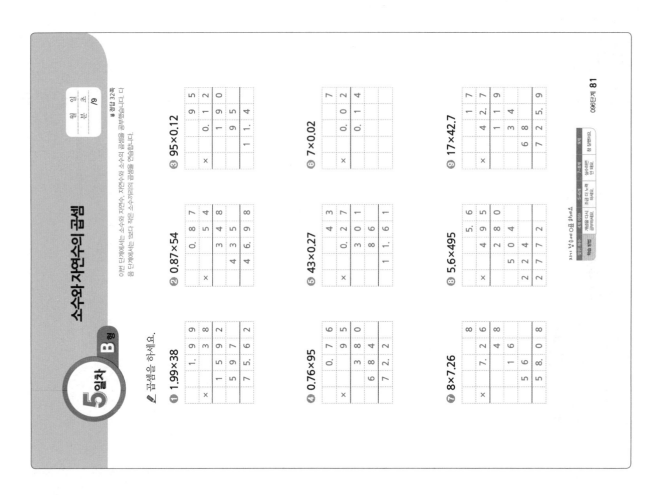

세 단계 묶어 풀기 O94 ~ O96단계
분수와 소수의 관계 / 소수와 자연수의 곱셈

월 일 / 분 초 / /15

정답 33쪽

분수를 소수로, 소수를 기약분수로 나타내세요.

❶ $\frac{13}{20}=0.65$ $\quad \frac{13}{20}=\frac{13\times5}{20\times5}=\frac{65}{100}=0.65$

❷ $0.2=\frac{1}{5}$ $\quad 0.2=\frac{2}{10}=\frac{1}{5}$

❸ $3\frac{5}{8}=3.625$ $\quad 3\frac{5}{8}=3\frac{5\times125}{8\times125}=3\frac{625}{1000}=3.625$

❹ $2.76=2\frac{19}{25}$ $\quad 2.76=2\frac{76}{100}=2\frac{19}{25}$

다음을 계산하여 소수점의 위치를 확인하세요.

❺ 5.9×10=59

❻ 26×0.1=2.6

❼ 1.804×100=180.4

❽ 84×0.001=0.084

❾ 8×23=184
0.8×2.3=1.84

❿ 43×69=2967
0.43×6.9=2.967

⓫ 5.7×12=68.4
5.7×1.2=6.84

⓬ 2.26×11=24.86
2.26×0.11=0.2486

곱셈을 하세요.

⓭ 2.37×14

		2.	3	7
×			1	4
		9	4	8
	2	3	7	
	3	3.	1	8

⓮ 0.27×36

		0.	2	7
×			3	6
		1	6	2
		8	1	
		9.	7	2

⓯ 48×0.19

			4	8
×		0.	1	9
		4	3	2
		4	8	
		9.	1	2

82 계산의 신 10권

1일차 A형 1보다 작은 소수의 곱셈

월 일 / 분 초 / /12

(소수 한 자리)×(소수 한 자리)는 소수 두 자리!

곱셈을 하세요.

❶

		0.	3
×		0.	2
	0.	0	6

❷

		0.	7
×		0.	5
	0.	3	5

❸

		0.	8
×		0.	6
	0.	4	8

❹

	0.	1	3
×		0.	4
0.	0	5	2

❺

	0.	2	5
×		0.	8
0.	2		

❻

	0.	7	4
×		0.	3
0.	2	2	2

❼

		0.	9
×	0.	5	6
		5	4
	4	5	
0.	5	0	4

❽

		0.	2
×	0.	9	2
			4
	1	8	
0.	1	8	4

❾

		0.	1	9
×		0.	7	7
		1	3	3
	1	3	3	
0.	1	4	6	3

❿

		0.	4	2
×		0.	2	6
		2	5	2
		8	4	
0.	1	0	9	2

⓫

		0.	3	8
×		0.	1	7
		2	6	6
		3	8	
0.	0	6	4	6

⓬

		0.	5	6
×		0.	4	5
		2	8	0
	2	2	4	
0.	2	5	2	

자기 점수에 ○표 하세요.

맞힌 개수	6개 이하	7~8개	9~10개	11~12개
학습 방법	개념을 다시 공부하세요.	조금 더 노력하세요.	실수하면 안 돼요.	참 잘했어요.

1일차 B형 1보다 작은 소수의 곱셈

월 일 / 분 초 / /9

곱하는 수들이 소수점 아래 몇 자리 수인지 확인하자!

정답 34쪽

곱셈을 하세요.

❶ 0.4×0.7

		0.	4
×		0.	7
	0.	2	8

❷ 0.6×0.9

		0.	6
×		0.	9
	0.	5	4

❸ 0.5×0.3

		0.	5
×		0.	3
	0.	1	5

❹ 0.8×0.31

		0.	8
×	0.	3	1
			8
	2	4	
0.	2	4	8

❺ 0.6×0.57

		0.	6
×	0.	5	7
		4	2
	3	0	
0.	3	4	2

❻ 0.27×0.16

		0.	2	7
×		0.	1	6
		1	6	2
		2	7	
0.	0	4	3	2

❼ 0.84×0.22

		0.	8	4
×		0.	2	2
		1	6	8
	1	6	8	
0.	1	8	4	8

❽ 0.71×0.53

		0.	7	1
×		0.	5	3
		2	1	3
	3	5	5	
0.	3	7	6	3

❾ 0.05×0.83

		0.	0	5
×		0.	8	3
			1	5
		4	0	
0.	0	4	1	5

자기 점수에 ○표 하세요.

맞힌 개수	4개 이하	5~6개	7~8개	9개
학습 방법	개념을 다시 공부하세요.	조금 더 노력하세요.	실수하면 안 돼요.	참 잘했어요.

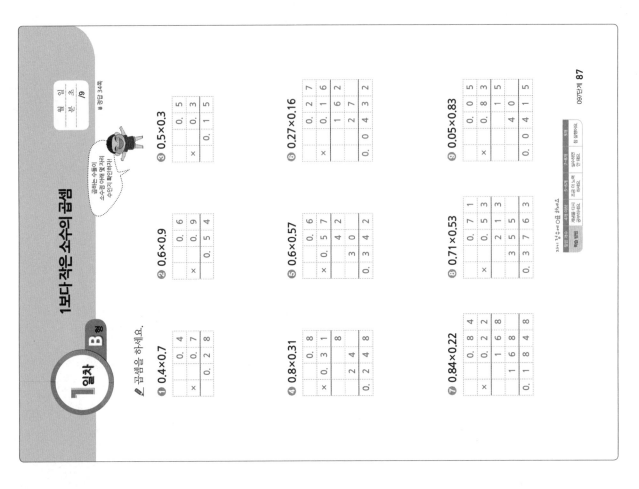

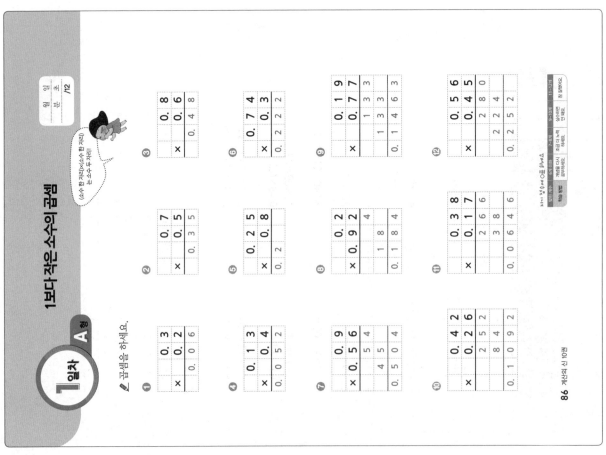

1보다 작은 소수의 곱셈

월 일 / 분 초 / /12

곱셈을 하세요.

❶

		0.	4
×		0.	6
	0.	2	4

❷

		0.	2
×		0.	9
	0.	1	8

❸

		0.	7
×		0.	9
	0.	6	3

❹

	0.	2	4
×		0.	8
0.	1	9	2

❺

	0.	7	3
×		0.	3
0.	2	1	9

❻

	0.	6	2
×		0.	5
0.	3	1	

❼

		0.	3
×	0.	4	9
		2	7
	1	2	
0.	1	4	7

❽

		0.	5
×	0.	5	7
		3	5
	2	5	
0.	2	8	5

❾

		0.	2	8
×		0.	4	1
			2	8
	1	1	2	
0.	1	1	4	8

❿

		0.	3	7
×		0.	7	8
		2	9	6
	2	5	9	
0.	2	8	8	6

⓫

		0.	1	9
×		0.	2	1
			1	9
		3	8	
0.	0	3	9	9

⓬

		0.	6	2
×		0.	5	3
		1	8	6
	3	1	0	
0.	3	2	8	6

자기 점수에 ○표 하세요.

맞힌 개수	6개 이하	7~8개	9~10개	11~12개
학습 방법	개념을 다시 공부하세요.	조금 더 노력 하세요.	실수하면 안 돼요.	참 잘했어요.

1보다 작은 소수의 곱셈

월 일 / 분 초 / /9

정답 35쪽

곱셈을 하세요.

❶ 0.4×0.3

		0.	4
×		0.	3
	0.	1	2

❷ 0.7×0.3

		0.	7
×		0.	3
	0.	2	1

❸ 0.3×0.6

		0.	3
×		0.	6
	0.	1	8

❹ 0.5×0.44

		0.	5
×	0.	4	4
		2	0
	2	0	
0.	2	2	

❺ 0.2×0.31

		0.	2
×	0.	3	1
			2
		6	
0.	0	6	2

❻ 0.59×0.23

		0.	5	9
×		0.	2	3
		1	7	7
	1	1	8	
0.	1	3	5	7

❼ 0.68×0.42

		0.	6	8
×		0.	4	2
		1	3	6
	2	7	2	
0.	2	8	5	6

❽ 0.76×0.24

		0.	7	6
×		0.	2	4
		3	0	4
	1	5	2	
0.	1	8	2	4

❾ 0.17×0.09

		0.	1	7
×		0.	0	9
0.	0	1	5	3

자기 점수에 ○표 하세요.

맞힌 개수	4개 이하	5~6개	7~8개	9개
학습 방법	개념을 다시 공부하세요.	조금 더 노력 하세요.	실수하면 안 돼요.	참 잘했어요.

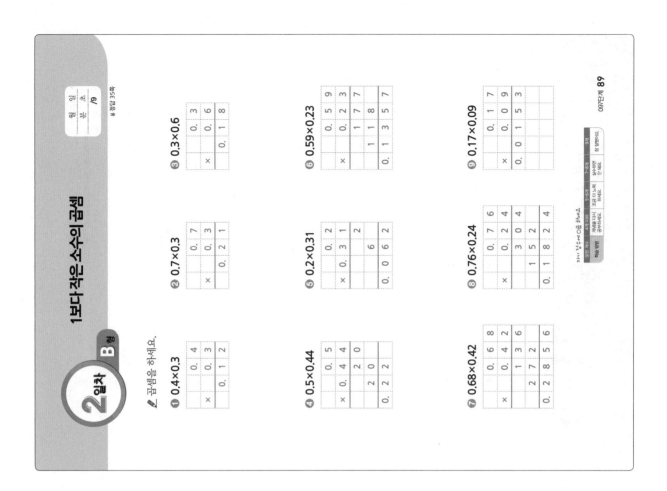

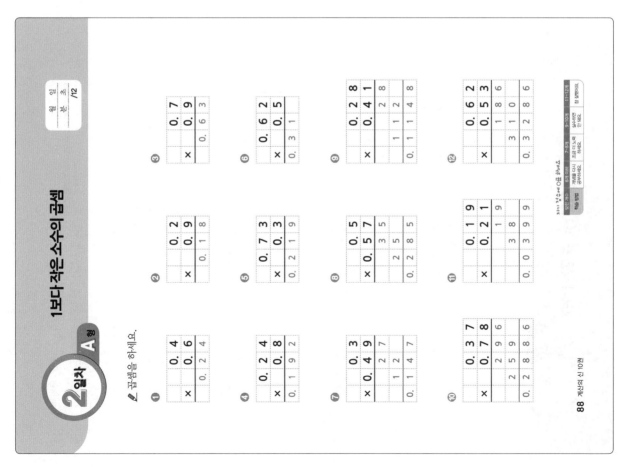

3일차 A형 1보다 작은 소수의 곱셈

월 일
분 초
/12

곱셈을 하세요.

❶

		0.	5
×		0.	5
	0.	2	5

❷

		0.	6
×		0.	7
	0.	4	2

❸

		0.	3
×		0.	8
	0.	2	4

❹

	0.	6	8
×		0.	2
0.	1	3	6

❺

	0.	5	7
×		0.	4
0.	2	2	8

❻

	0.	3	6
×		0.	8
0.	2	8	8

❼

		0.	2
×	0.	9	7
		1	4
	1	8	
0.	1	9	4

❽

		0.	8
×	0.	3	2
		1	6
	2	4	
0.	2	5	6

❾

		0.	1	6
×		0.	5	4
			6	4
		8	0	
0.	0	8	6	4

❿

		0.	3	1
×		0.	7	2
			6	2
	2	1	7	
0.	2	2	3	2

⓫

		0.	2	6
×		0.	4	5
		1	3	0
	1	0	4	
0.	1	1	7	

⓬

		0.	0	9
×		0.	8	3
			2	7
		7	2	
0.	0	7	4	7

자기 점수에 ○표 하세요

맞힌 개수	6개 이하	7~8개	9~10개	11~12개
학습 방법	개념을 다시 공부하세요.	조금 더 노력하세요.	실수하면 안 돼요.	참 잘했어요.

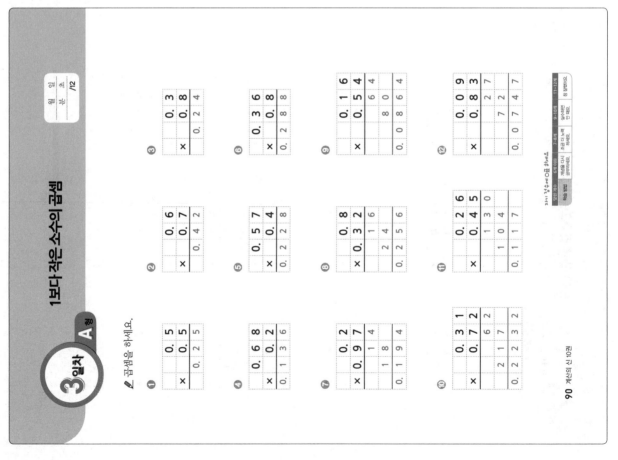

3일차 B형 1보다 작은 소수의 곱셈

월 일
분 초
/9

정답 36쪽

곱셈을 하세요.

❶ 0.9×0.5

		0.	9
×		0.	5
	0.	4	5

❷ 0.8×0.5

		0.	8
×		0.	5
	0.	4	

❸ 0.4×0.8

		0.	4
×		0.	8
	0.	3	2

❹ 0.7×0.16

		0.	7
×	0.	1	6
		4	2
		7	
0.	1	1	2

❺ 0.5×0.94

		0.	5
×	0.	9	4
		2	0
	4	5	
0.	4	7	

❻ 0.83×0.82

		0.	8	3
×		0.	8	2
		1	6	6
	6	6	4	
0.	6	8	0	6

❼ 0.76×0.13

		0.	7	6
×		0.	1	3
		2	2	8
		7	6	
0.	0	9	8	8

❽ 0.52×0.46

		0.	5	2
×		0.	4	6
		3	1	2
	2	0	8	
0.	2	3	9	2

❾ 0.22×0.96

		0.	2	2
×		0.	9	6
		1	3	2
	1	9	8	
0.	2	1	1	2

자기 점수에 ○표 하세요

맞힌 개수	4개 이하	5~6개	7~8개	9개
학습 방법	개념을 다시 공부하세요.	조금 더 노력하세요.	실수하면 안 돼요.	참 잘했어요.

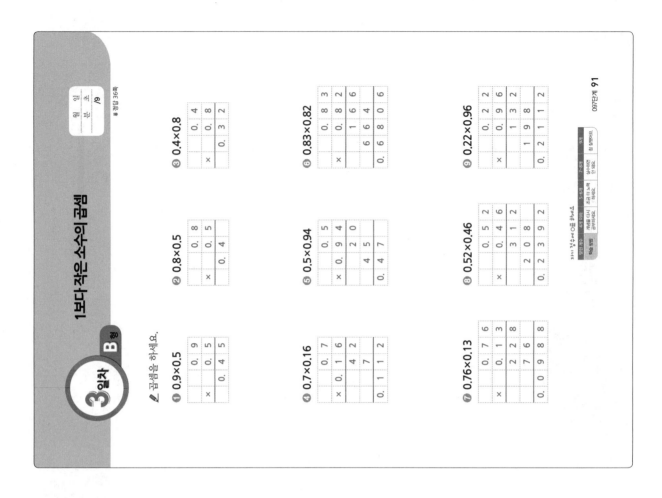

4일차 A형

1보다 작은 소수의 곱셈

월 일 / 분 초 / /12

곱셈을 하세요.

❶

		0.	7
×		0.	8
	0.	5	6

❷

		0.	2
×		0.	7
	0.	1	4

❸

		0.	3
×		0.	5
	0.	1	5

❹

	0.	5	5
×		0.	7
0.	3	8	5

❺

	0.	4	1
×		0.	9
0.	3	6	9

❻

	0.	0	6
×		0.	7
0.	0	4	2

❼

		0.	3
×	0.	2	9
		2	7
		6	
0.	0	8	7

❽

		0.	9
×	0.	5	2
		1	8
	4	5	
0.	4	6	8

❾

		0.	8	7
×		0.	3	9
		7	8	3
	2	6	1	
0.	3	3	9	3

❿

		0.	6	6
×		0.	4	4
		2	6	4
	2	6	4	
0.	2	9	0	4

⓫

		0.	2	3
×		0.	6	8
		1	8	4
	1	3	8	
0.	1	5	6	4

⓬

		0.	3	4
×		0.	9	8
		2	7	2
	3	0	6	
0.	3	3	3	2

자기 점수에 ○표 하세요

맞힌 개수	6개 이하	7~8개	9~10개	11~12개
학습 방법	개념을 다시 공부하세요.	조금 더 노력 하세요.	실수하면 안 돼요.	참 잘했어요.

4일차 B형

1보다 작은 소수의 곱셈

월 일 / 분 초 / /9

정답 37쪽

곱셈을 하세요.

❶ 0.7×0.7

		0.	7
×		0.	7
	0.	4	9

❷ 0.5×0.4

		0.	5
×		0.	4
	0.	2	

❸ 0.6×0.06

		0.	6
×	0.	0	6
0.	0	3	6

❹ 0.3×0.27

		0.	3
×	0.	2	7
		2	1
		6	
0.	0	8	1

❺ 0.9×0.56

		0.	9
×	0.	5	6
		5	4
	4	5	
0.	5	0	4

❻ 0.03×0.76

		0.	0	3
×		0.	7	6
			1	8
		2	1	
0.	0	2	2	8

❼ 0.58×0.86

		0.	5	8
×		0.	8	6
		3	4	8
	4	6	4	
0.	4	9	8	8

❽ 0.94×0.06

		0.	9	4
×		0.	0	6
0.	0	5	6	4

❾ 0.73×0.32

		0.	7	3
×		0.	3	2
		1	4	6
	2	1	9	
0.	2	3	3	6

자기 점수에 ○표 하세요

맞힌 개수	4개 이하	5~6개	7~8개	9개
학습 방법	개념을 다시 공부하세요.	조금 더 노력 하세요.	실수하면 안 돼요.	참 잘했어요.

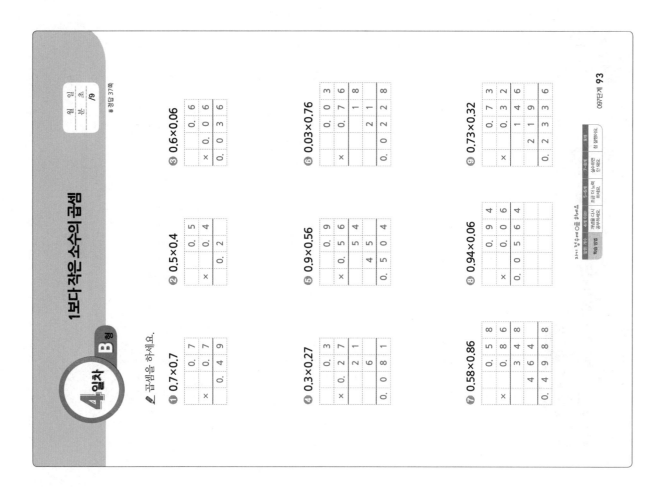

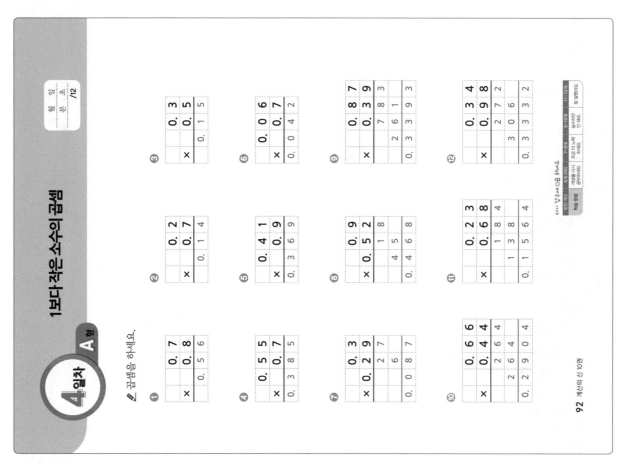

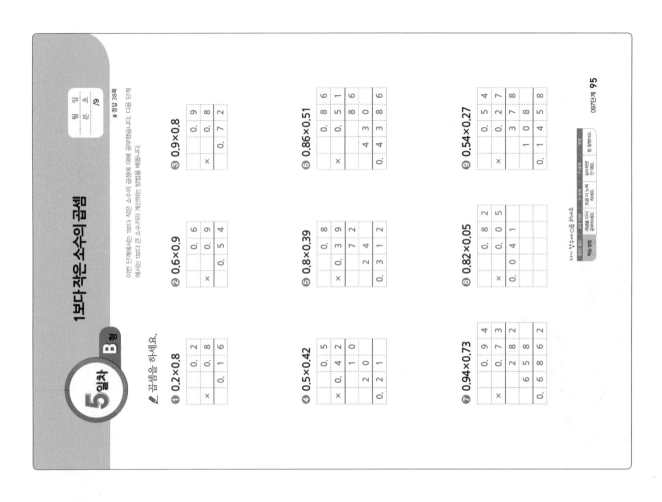

5일차 A형 1보다 작은 소수의 곱셈

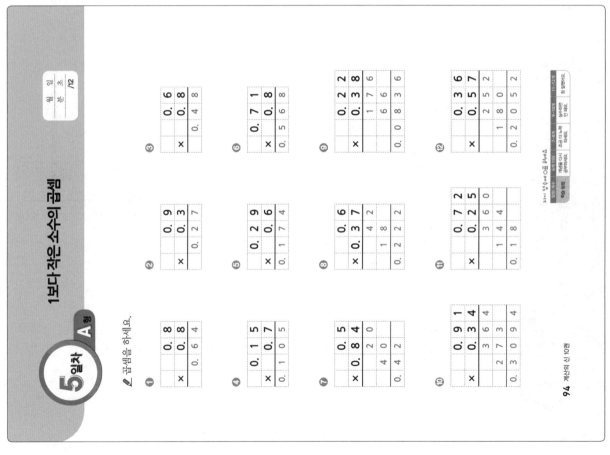

월 일
분 초
/12

곱셈을 하세요.

❶

		0.	8
×		0.	8
	0.	6	4

❷

		0.	9
×		0.	3
	0.	2	7

❸

		0.	6
×		0.	8
	0.	4	8

❹

	0.	1	5
×		0.	7
0.	1	0	5

❺

	0.	2	9
×		0.	6
0.	1	7	4

❻

	0.	7	1
×		0.	8
0.	5	6	8

❼

		0.	5
×	0.	8	4
		2	0
	4	0	
0.	4	2	

❽

		0.	6
×	0.	3	7
		4	2
	1	8	
0.	2	2	2

❾

		0.	2	2
×		0.	3	8
		1	7	6
		6	6	
0.	0	8	3	6

❿

		0.	9	1
×		0.	3	4
		3	6	4
	2	7	3	
0.	3	0	9	4

⓫

		0.	7	2
×		0.	2	5
		3	6	0
	1	4	4	
0.	1	8		

⓬

		0.	3	6
×		0.	5	7
		2	5	2
	1	8	0	
0.	2	0	5	2

자기 점수에 ○표 하세요.

맞힌 개수	6개 이하	7~8개	9~10개	11~12개
학습 방법	개념을 다시 공부하세요.	조금 더 노력하세요.	실수하면 안 돼요.	참 잘했어요.

5일차 B형 1보다 작은 소수의 곱셈

월 일
분 초
/9

정답 38쪽

이번 단계에서는 1보다 작은 소수의 곱셈에 대해 공부했습니다. 다음 단계에서는 1보다 큰 소수끼리 계산하는 방법을 배웁니다.

곱셈을 하세요.

❶ 0.2×0.8

		0.	2
×		0.	8
	0.	1	6

❷ 0.6×0.9

		0.	6
×		0.	9
	0.	5	4

❸ 0.9×0.8

		0.	9
×		0.	8
	0.	7	2

❹ 0.5×0.42

		0.	5
×	0.	4	2
		1	0
	2	0	
0.	2	1	

❺ 0.8×0.39

		0.	8
×	0.	3	9
		7	2
	2	4	
0.	3	1	2

❻ 0.86×0.51

		0.	8	6
×		0.	5	1
			8	6
	4	3	0	
0.	4	3	8	6

❼ 0.94×0.73

		0.	9	4
×		0.	7	3
		2	8	2
	6	5	8	
0.	6	8	6	2

❽ 0.82×0.05

		0.	8	2
×		0.	0	5
0.	0	4	1	

❾ 0.54×0.27

		0.	5	4
×		0.	2	7
		3	7	8
	1	0	8	
0.	1	4	5	8

자기 점수에 ○표 하세요.

맞힌 개수	4개 이하	5~6개	7~8개	9개
학습 방법	개념을 다시 공부하세요.	조금 더 노력하세요.	실수하면 안 돼요.	참 잘했어요.

1일차 A형

1보다 큰 소수의 곱셈

월 일
분 초
/12

소수점 아래 몇 자리
인지 확인해줘

곱셈을 하세요.

❶

			2.	4
×			5.	3
			7	2
	1	2	0	
	1	2.	7	2

❷

			2.	9
×			8.	1
			2	9
	2	3	2	
	2	3.	4	9

❸

			7.	6
×			1.	5
		3	8	0
		7	6	
	1	1.	4	

❹

		1	2.	3
×			4.	8
		9	8	4
	4	9	2	
	5	9.	0	4

❺

		4.	5	2
×			7.	6
	2	7	1	2
3	1	6	4	
3	4.	3	5	2

❻

		8.	0	7
×			6.	8
	6	4	5	6
4	8	4	2	
5	4.	8	7	6

❼

			2.	6
×		1.	8	9
		2	3	4
	2	0	8	
	2	6		
	4.	9	1	4

❽

		1.	7	2
×		5.	1	8
	1	3	7	6
	1	7	2	
8	6	0		
8.	9	0	9	6

❾

		3.	9	2
×		1.	0	7
	2	7	4	4
3	9	2		
4.	1	9	4	4

❿

		3.	1	5
×		2.	2	4
	1	2	6	0
	6	3	0	
6	3	0		
7.	0	5	6	

⓫

			5.	0	2
×			2.	4	7
		3	5	1	4
	2	0	0	8	
1	0	0	4		
1	2.	3	9	9	4

⓬

			1.	7	1
×			8.	3	1
			1	7	1
		5	1	3	
1	3	6	8		
1	4.	2	1	0	1

자기 점수에 ○표 하세요

맞힌 개수	6개 이하	7~8개	9~10개	11~12개
학습 방법	개념을 다시 공부하세요.	조금 더 노력 하세요.	실수하면 안 돼요.	참 잘했어요.

1일차 B형

1보다 큰 소수의 곱셈

월 일
분 초
/9

받아올림에 주의하면서
차근차근 계산해

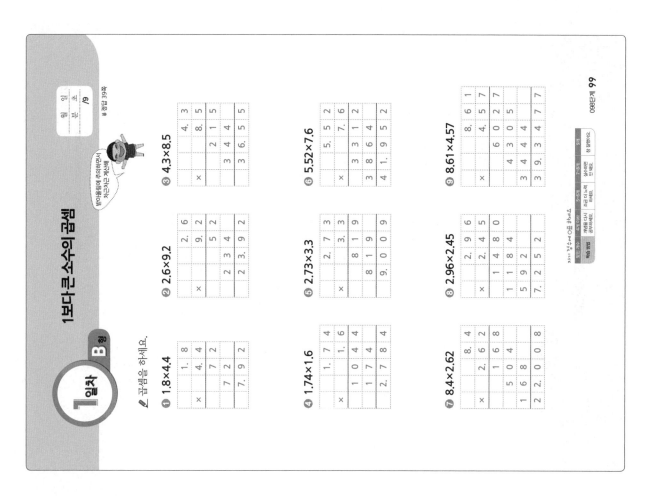

정답 39쪽

곱셈을 하세요.

❶ 1.8×4.4

		1.	8
×		4.	4
		7	2
	7	2	
	7.	9	2

❷ 2.6×9.2

			2.	6
×			9.	2
			5	2
	2	3	4	
	2	3.	9	2

❸ 4.3×8.5

			4.	3
×			8.	5
		2	1	5
	3	4	4	
	3	6.	5	5

❹ 1.74×1.6

		1.	7	4
×			1.	6
	1	0	4	4
	1	7	4	
	2.	7	8	4

❺ 2.73×3.3

		2.	7	3
×			3.	3
		8	1	9
	8	1	9	
	9.	0	0	9

❻ 5.52×7.6

		5.	5	2
×			7.	6
	3	3	1	2
3	8	6	4	
4	1.	9	5	2

❼ 8.4×2.62

			8.	4
×		2.	6	2
		1	6	8
	5	0	4	
1	6	8		
2	2.	0	0	8

❽ 2.96×2.45

		2.	9	6
×		2.	4	5
	1	4	8	0
1	1	8	4	
5	9	2		
7.	2	5	2	

❾ 8.61×4.57

			8.	6	1
×			4.	5	7
		6	0	2	7
	4	3	0	5	
3	4	4	4		
3	9.	3	4	7	7

자기 점수에 ○표 하세요

맞힌 개수	4개 이하	5~6개	7~8개	9개
학습 방법	개념을 다시 공부하세요.	조금 더 노력 하세요.	실수하면 안 돼요.	참 잘했어요.

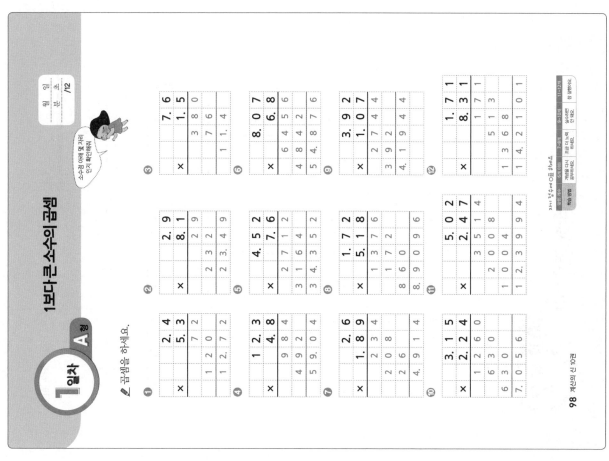

2일차 A형 1보다 큰 소수의 곱셈

월 일 분 초 /12

곱셈을 하세요.

❶

			5.	7
×			3.	9
		5	1	3
	1	7	1	
	2	2.	2	3

❷

			7.	6
×			4.	2
		1	5	2
	3	0	4	
	3	1.	9	2

❸

			3.	8
×			9.	2
			7	6
	3	4	2	
	3	4.	9	6

❹

		4	7.	7
×			3.	8
	3	8	1	6
1	4	3	1	
1	8	1.	2	6

❺

		1.	9	3
×			2.	5
		9	6	5
	3	8	6	
	4.	8	2	5

❻

		2.	5	9
×			1.	6
	1	5	5	4
	2	5	9	
	4.	1	4	4

❼

			5.	4
×		3.	2	5
		2	7	0
	1	0	8	
1	6	2		
1	7.	5	5	

❽

		1.	4	3
×		6.	5	2
		2	8	6
	7	1	5	
8	5	8		
9.	3	2	3	6

❾

		4.	0	6
×		2.	4	2
		8	1	2
1	6	2	4	
8	1	2		
9.	8	2	5	2

❿

		1.	8	2
×		5.	4	3
		5	4	6
	7	2	8	
9	1	0		
9.	8	8	2	6

⓫

			7.	4	6
×			3.	6	2
		1	4	9	2
	4	4	7	6	
2	2	3	8		
2	7.	0	0	5	2

⓬

			5.	5	2
×			3.	7	9
		4	9	6	8
	3	8	6	4	
1	6	5	6		
2	0.	9	2	0	8

자기 점수에 ○표 하세요

맞힌 개수	6개 이하	7~8개	9~10개	11~12개
학습 방법	개념을 다시 공부하세요.	조금 더 노력 하세요.	실수하면 안 돼요.	참 잘했어요.

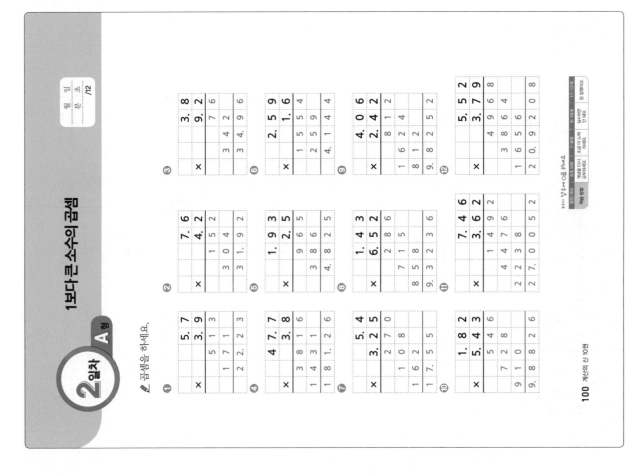

2일차 B형 1보다 큰 소수의 곱셈

월 일 분 초 /9

정답 40쪽

곱셈을 하세요.

❶ 5.6×3.7

			5.	6
×			3.	7
		3	9	2
	1	6	8	
	2	0.	7	2

❷ 1.8×1.7

			1.	8
×			1.	7
		1	2	6
		1	8	
		3.	0	6

❸ 12.6×9.3

		1	2.	6
×			9.	3
		3	7	8
1	1	3	4	
1	1	7.	1	8

❹ 3.55×4.3

		3.	5	5
×			4.	3
	1	0	6	5
1	4	2	0	
1	5.	2	6	5

❺ 8.61×7.5

		8.	6	1
×			7.	5
	4	3	0	5
6	0	2	7	
6	4.	5	7	5

❻ 9.32×2.1

		9.	3	2
×			2.	1
		9	3	2
1	8	6	4	
1	9.	5	7	2

❼ 6.2×3.45

			6.	2
×		3.	4	5
		3	1	0
	2	4	8	
1	8	6		
2	1.	3	9	

❽ 1.25×6.17

		1.	2	5
×		6.	1	7
		8	7	5
	1	2	5	
7	5	0		
7.	7	1	2	5

❾ 5.28×5.14

			5.	2	8
×			5.	1	4
		2	1	1	2
		5	2	8	
2	6	4	0		
2	7.	1	3	9	2

자기 점수에 ○표 하세요

맞힌 개수	4개 이하	5~6개	7~8개	9개
학습 방법	개념을 다시 공부하세요.	조금 더 노력 하세요.	실수하면 안 돼요.	참 잘했어요.

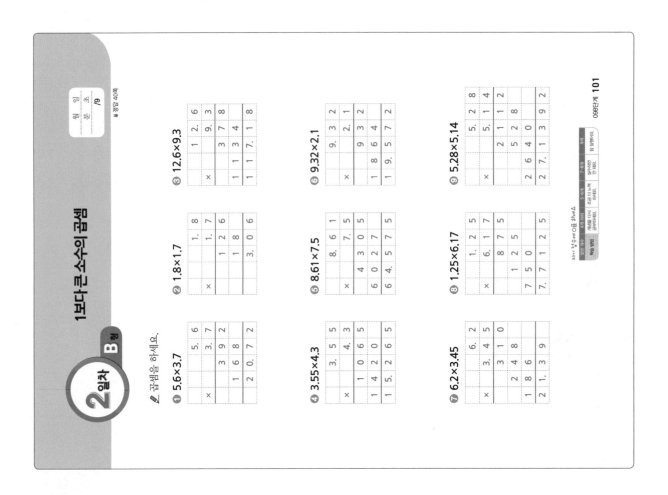

3일차 A형

1보다 큰 소수의 곱셈

월 일
분 초
/12

곱셈을 하세요.

❶

			8.	1
×			5.	6
		4	8	6
	4	0	5	
	4	5.	3	6

❷

			9.	3
×			2.	8
		7	4	4
	1	8	6	
	2	6.	0	4

❸

			2.	6
×			7.	7
		1	8	2
	1	8	2	
	2	0.	0	2

❹

		3	1.	8
×			5.	2
		6	3	6
1	5	9	0	
1	6	5.	3	6

❺

		2.	1	4
×			3.	7
	1	4	9	8
	6	4	2	
	7.	9	1	8

❻

		5.	7	5
×			4.	8
	4	6	0	0
2	3	0	0	
2	7.	6		

❼

			9.	2
×		4.	1	9
		8	2	8
		9	2	
3	6	8		
3	8.	5	4	8

❽

		2.	8	5
×		2.	1	1
		2	8	5
	2	8	5	
5	7	0		
6.	0	1	3	5

❾

		3.	0	2
×		3.	2	1
		3	0	2
	6	0	4	
9	0	6		
9.	6	9	4	2

❿

		1.	2	6
×		7.	1	8
	1	0	0	8
	1	2	6	
8	8	2		
9.	0	4	6	8

⓫

			3.	8	4
×			5.	4	7
		2	6	8	8
	1	5	3	6	
1	9	2	0		
2	1.	0	0	4	8

⓬

			2.	7	3
×			8.	9	5
		1	3	6	5
	2	4	5	7	
2	1	8	4		
2	4.	4	3	3	5

자기 점수에 ○표 하세요

맞힌 개수	6개 이하	7~8개	9~10개	11~12개
학습 방법	개념을 다시 공부하세요.	조금 더 노력 하세요.	실수하면 안 돼요.	참 잘했어요.

3일차 B형

1보다 큰 소수의 곱셈

월 일
분 초
/9

정답 41쪽

곱셈을 하세요.

❶ 3.3×1.7

			3.	3
×			1.	7
		2	3	1
		3	3	
		5.	6	1

❷ 5.1×6.4

			5.	1
×			6.	4
		2	0	4
	3	0	6	
	3	2.	6	4

❸ 11.7×1.9

		1	1.	7
×			1.	9
	1	0	5	3
	1	1	7	
	2	2.	2	3

❹ 1.36×8.7

		1.	3	6
×			8.	7
		9	5	2
1	0	8	8	
1	1.	8	3	2

❺ 4.55×7.5

		4.	5	5
×			7.	5
	2	2	7	5
3	1	8	5	
3	4.	1	2	5

❻ 6.83×3.6

		6.	8	3
×			3.	6
	4	0	9	8
2	0	4	9	
2	4.	5	8	8

❼ 2.9×5.41

			2.	9
×		5.	4	1
			2	9
	1	1	6	
1	4	5		
1	5.	6	8	9

❽ 2.96×2.45

		2.	9	6
×		2.	4	5
	1	4	8	0
1	1	8	4	
5	9	2		
7.	2	5	2	

❾ 8.61×4.57

			8.	6	1
×			4.	5	7
		6	0	2	7
	4	3	0	5	
3	4	4	4		
3	9.	3	4	7	7

자기 점수에 ○표 하세요

맞힌 개수	4개 이하	5~6개	7~8개	9개
학습 방법	개념을 다시 공부하세요.	조금 더 노력 하세요.	실수하면 안 돼요.	참 잘했어요.

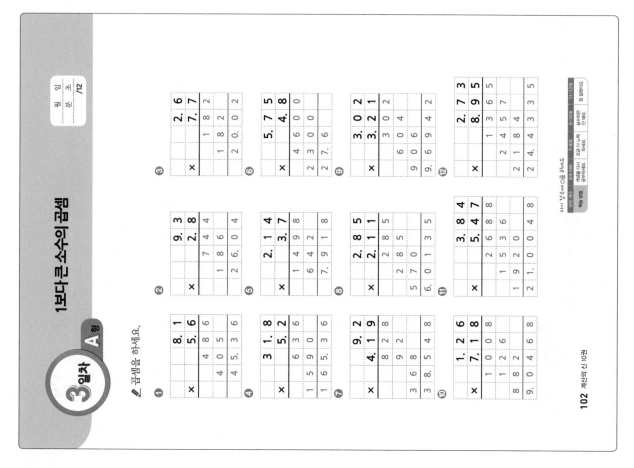

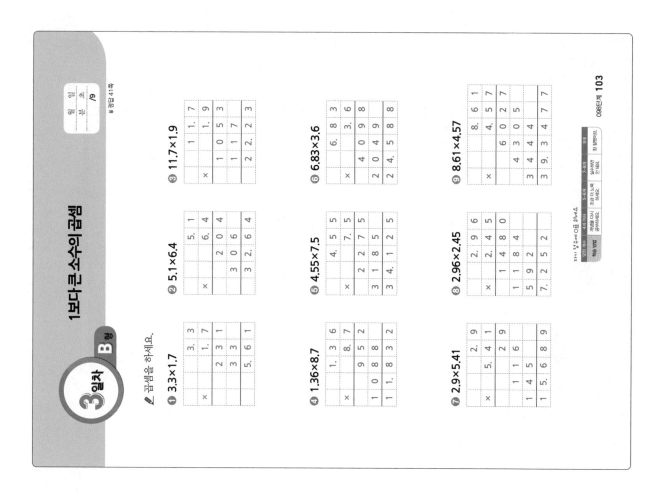

4일차 A형 1보다 큰 소수의 곱셈

월 일
분 초
/12

곱셈을 하세요.

❶

			9.	3
×			4.	7
		6	5	1
	3	7	2	
	4	3.	7	1

❷

			1.	6
×			5.	2
			3	2
		8	0	
		8.	3	2

❸

			8.	4
×			2.	3
		2	5	2
	1	6	8	
	1	9.	3	2

❹

		5	2.	4
×			1.	4
	2	0	9	6
	5	2	4	
	7	3.	3	6

❺

		3.	8	6
×			5.	2
		7	7	2
1	9	3	0	
2	0.	0	7	2

❻

		4.	0	7
×			8.	3
	1	2	2	1
3	2	5	6	
3	3.	7	8	1

❼

			2.	1
×		7.	6	5
		1	0	5
	1	2	6	
1	4	7		
1	6.	0	6	5

❽

		3.	1	4
×		1.	8	2
		6	2	8
2	5	1	2	
3	1	4		
5.	7	1	4	8

❾

		2.	6	3
×		2.	5	4
	1	0	5	2
1	3	1	5	
5	2	6		
6.	6	8	0	2

❿

		8.	1	5
×		1.	0	3
	2	4	4	5
8	1	5		
8.	3	9	4	5

⓫

			4.	2	9
×			6.	2	8
		3	4	3	2
		8	5	8	
2	5	7	4		
2	6.	9	4	1	2

⓬

			7.	3	6
×			6.	4	1
			7	3	6
	2	9	4	4	
4	4	1	6		
4	7.	1	7	7	6

자기 점수에 ○표 하세요

맞힌 개수	6개 이하	7~8개	9~10개	11~12개
학습 방법	개념을 다시 공부하세요.	조금 더 노력하세요.	실수하면 안 돼요.	참 잘했어요.

4일차 B형 1보다 큰 소수의 곱셈

월 일
분 초
/9

정답 42쪽

곱셈을 하세요.

❶ 6.6×7.1

			6.	6
×			7.	1
			6	6
	4	6	2	
	4	6.	8	6

❷ 4.9×3.9

			4.	9
×			3.	9
		4	4	1
	1	4	7	
	1	9.	1	1

❸ 15.7×1.6

		1	5.	7
×			1.	6
		9	4	2
	1	5	7	
	2	5.	1	2

❹ 3.72×5.3

		3.	7	2
×			5.	3
	1	1	1	6
1	8	6	0	
1	9.	7	1	6

❺ 6.84×1.7

		6.	8	4
×			1.	7
	4	7	8	8
	6	8	4	
1	1.	6	2	8

❻ 3.61×4.3

		3.	6	1
×			4.	3
	1	0	8	3
1	4	4	4	
1	5.	5	2	3

❼ 7.6×4.18

			7.	6
×		4.	1	8
		6	0	8
		7	6	
3	0	4		
3	1.	7	6	8

❽ 1.31×1.79

		1.	3	1
×		1.	7	9
	1	1	7	9
	9	1	7	
1	3	1		
2.	3	4	4	9

❾ 9.35×5.44

			9.	3	5
×			5.	4	4
		3	7	4	0
	3	7	4	0	
4	6	7	5		
5	0.	8	6	4	

자기 점수에 ○표 하세요

맞힌 개수	4개 이하	5~6개	7~8개	9개
학습 방법	개념을 다시 공부하세요.	조금 더 노력하세요.	실수하면 안 돼요.	참 잘했어요.

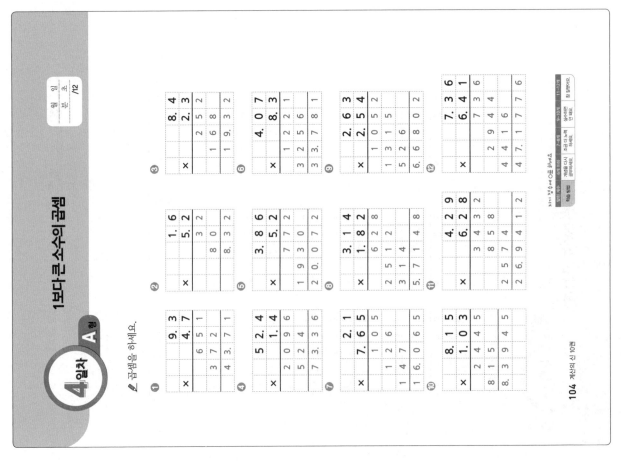

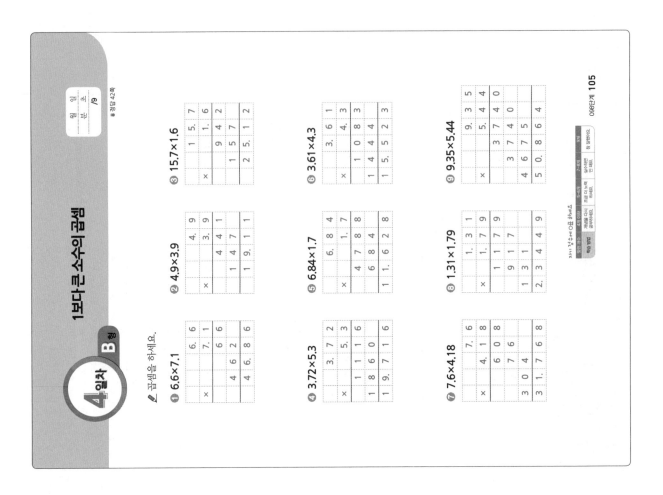

5일차 A형 1보다 큰 소수의 곱셈

월 일
분 초
/12

곱셈을 하세요.

❶

		2	3.	2
×			7.	1
		2	3	2
1	6	2	4	
1	6	4.	7	2

❷

			6.	4
×			3.	8
		5	1	2
	1	9	2	
	2	4.	3	2

❸

			9.	6
×			5.	5
		4	8	0
	4	8	0	
	5	2.	8	

❹

		4	1.	3
×			3.	2
		8	2	6
1	2	3	9	
1	3	2.	1	6

❺

		8.	2	2
×			7.	4
	3	2	8	8
5	7	5	4	
6	0.	8	2	8

❻

		5.	9	3
×			6.	8
	4	7	4	4
3	5	5	8	
4	0.	3	2	4

❼

			3.	7
×		5.	2	6
		2	2	2
		7	4	
1	8	5		
1	9.	4	6	2

❽

		2.	5	9
×		3.	1	8
	2	0	7	2
	2	5	9	
7	7	7		
8.	2	3	6	2

❾

		1.	7	2
×		4.	4	2
		3	4	4
	6	8	8	
6	8	8		
7.	6	0	2	4

❿

		4.	3	3
×		2.	1	5
	2	1	6	5
	4	3	3	
8	6	6		
9.	3	0	9	5

⓫

			8.	1	6
×			5.	3	1
			8	1	6
	2	4	4	8	
4	0	8	0		
4	3.	3	2	9	6

⓬

			3.	8	7
×			9.	5	6
		2	3	2	2
	1	9	3	5	
3	4	8	3		
3	6.	9	9	7	2

자기 점수에 ○표 하세요.

맞힌 개수	6개 이하	7~8개	9~10개	11~12개
학습 방법	개념을 다시 공부하세요.	조금 더 노력하세요.	실수하면 안 돼요.	참 잘했어요.

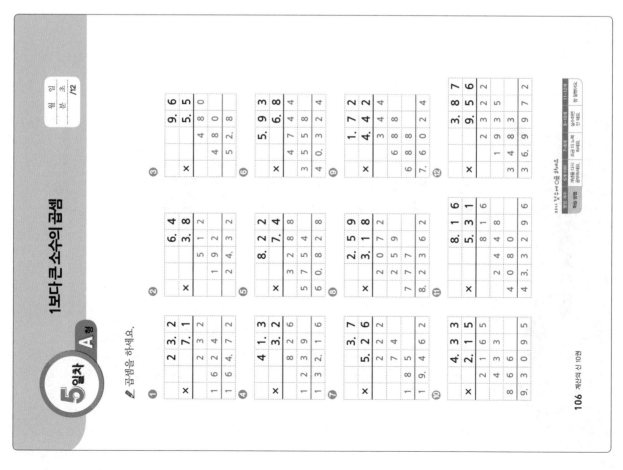

5일차 B형 1보다 큰 소수의 곱셈

월 일
분 초
/9

정답 43쪽

이번 단계에서는 1보다 큰 소수의 곱셈에 대해 공부했습니다. 다음 단계에서는 지금까지 배웠던 분수의 곱셈, 소수의 곱셈을 모두 마무리하는 시간을 가져봅니다.

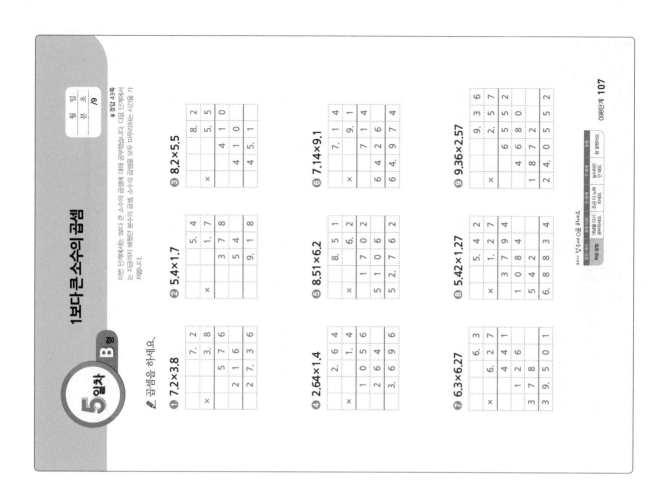

곱셈을 하세요.

❶ 7.2×3.8

			7.	2
×			3.	8
		5	7	6
	2	1	6	
	2	7.	3	6

❷ 5.4×1.7

			5.	4
×			1.	7
		3	7	8
		5	4	
		9.	1	8

❸ 8.2×5.5

			8.	2
×			5.	5
		4	1	0
	4	1	0	
	4	5.	1	

❹ 2.64×1.4

		2.	6	4
×			1.	4
	1	0	5	6
	2	6	4	
	3.	6	9	6

❺ 8.51×6.2

		8.	5	1
×			6.	2
	1	7	0	2
5	1	0	6	
5	2.	7	6	2

❻ 7.14×9.1

		7.	1	4
×			9.	1
		7	1	4
6	4	2	6	
6	4.	9	7	4

❼ 6.3×6.27

			6.	3
×		6.	2	7
		4	4	1
	1	2	6	
3	7	8		
3	9.	5	0	1

❽ 5.42×1.27

		5.	4	2
×		1.	2	7
	3	7	9	4
1	0	8	4	
5	4	2		
6.	8	8	3	4

❾ 9.36×2.57

			9.	3	6
×			2.	5	7
		6	5	5	2
	4	6	8	0	
1	8	7	2		
2	4.	0	5	5	2

자기 점수에 ○표 하세요.

맞힌 개수	4개 이하	5~6개	7~8개	9개
학습 방법	개념을 다시 공부하세요.	조금 더 노력하세요.	실수하면 안 돼요.	참 잘했어요.

1일차 A형 분수, 소수의 곱셈 종합

월 일 / 분 초 / /16

대분수는 가분수로 고쳐서 계산해야 해

다음을 계산하여 기약분수로 나타내세요.

❶ $\frac{3}{8}\times4=1\frac{1}{2}$

❷ $\frac{6}{7}\times21=18$

❸ $2\frac{1}{4}\times5=11\frac{1}{4}$

❹ $8\times3\frac{5}{12}=27\frac{1}{3}$

❺ $\frac{1}{6}\times\frac{1}{2}=\frac{1}{12}$

❻ $\frac{1}{9}\times\frac{1}{7}=\frac{1}{63}$

❼ $\frac{2}{11}\times\frac{3}{4}=\frac{3}{22}$

❽ $\frac{5}{8}\times\frac{2}{15}=\frac{1}{12}$

❾ $\frac{13}{7}\times\frac{21}{2}=19\frac{1}{2}$

❿ $\frac{22}{5}\times\frac{7}{4}=7\frac{7}{10}$

⓫ $1\frac{3}{11}\times2\frac{2}{7}=2\frac{10}{11}$

⓬ $3\frac{5}{12}\times4\frac{8}{25}=14\frac{19}{25}$

⓭ $\frac{3}{5}\times2\frac{1}{3}=1\frac{2}{5}$

⓮ $4\frac{4}{7}\times\frac{3}{20}=\frac{24}{35}$

⓯ $\frac{1}{2}\times\frac{3}{5}\times\frac{20}{27}=\frac{2}{9}$

⓰ $8\times\frac{2}{3}\times\frac{21}{32}=3\frac{1}{2}$

자기 점수에 ○표 하세요.

맞힌 개수	8개 이하	9~12개	13~14개	15~16개
학습 방법	개념을 다시 공부하세요.	조금 더 노력하세요.	실수하면 안 돼요.	참 잘했어요.

1일차 B형 분수, 소수의 곱셈 종합

월 일 / 분 초 / /12

정답 44쪽

소수점 아래 자릿수가 모자라면 0을 더 채워 줘!

곱셈을 하세요.

❶

		0.	2
×		0.	4
	0.	0	8

❷

		0.	2	5
×		0.	0	4
0.	0	1		

❸

		1.	4	8
×			0.	9
	1.	3	3	2

❹

		0.	2	7
×			3.	6
		1	6	2
		8	1	
	0.	9	7	2

❺

			1.	9
×			4.	8
		1	5	2
		7	6	
		9.	1	2

❻

			5.	1
×			1.	2
		1	0	2
		5	1	
		6.	1	2

❼

		0.	3	2
×		0.	2	3
			9	6
		6	4	
0.	0	7	3	6

❽

			3.	5
×		0.	1	7
		2	4	5
		3	5	
	0.	5	9	5

❾

	0.	0	3	4
×			2.	4
		1	3	6
		6	8	
0.	0	8	1	6

❿

		2.	0	2
×			2.	8
	1	6	1	6
	4	0	4	
	5.	6	5	6

⓫

		5.	2	7
×			2.	4
	2	1	0	8
1	0	5	4	
1	2.	6	4	8

⓬

		2.	1	3
×		3.	4	1
		2	1	3
	8	5	2	
6	3	9		
7.	2	6	3	3

자기 점수에 ○표 하세요.

맞힌 개수	6개 이하	7~8개	9~10개	11~12개
학습 방법	개념을 다시 공부하세요.	조금 더 노력하세요.	실수하면 안 돼요.	참 잘했어요.

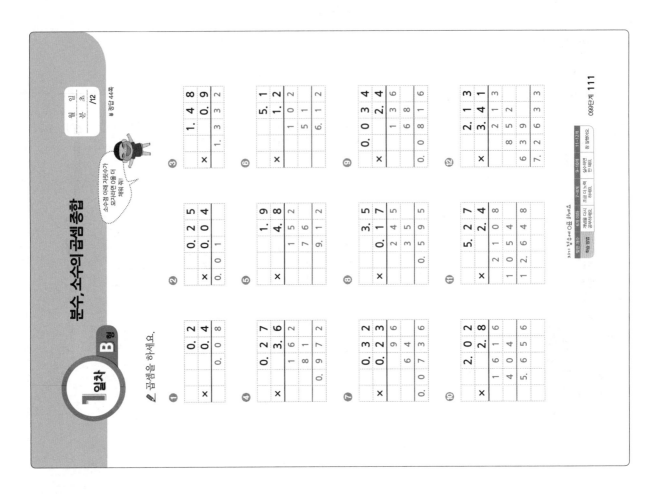

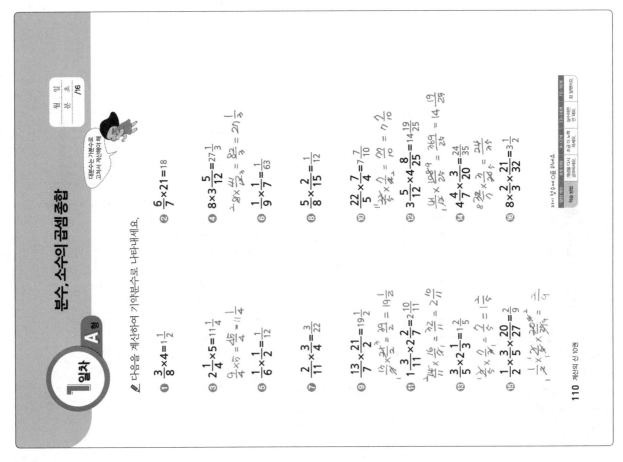

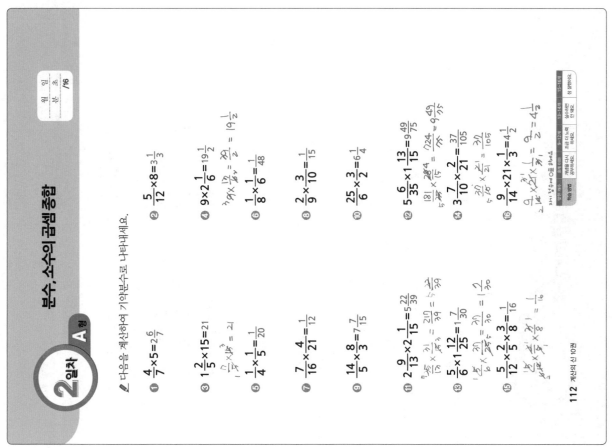

2일차 A형 분수, 소수의 곱셈 종합

월 일 / 분 초 / /16

✎ 다음을 계산하여 기약분수로 나타내세요.

❶ $\frac{4}{7}\times5=2\frac{6}{7}$

❷ $\frac{5}{12}\times8=3\frac{1}{3}$

❸ $1\frac{2}{5}\times15=21$

❹ $9\times2\frac{1}{6}=19\frac{1}{2}$

❺ $\frac{1}{4}\times\frac{1}{5}=\frac{1}{20}$

❻ $\frac{1}{8}\times\frac{1}{6}=\frac{1}{48}$

❼ $\frac{7}{16}\times\frac{4}{21}=\frac{1}{12}$

❽ $\frac{2}{9}\times\frac{3}{10}=\frac{1}{15}$

❾ $\frac{14}{5}\times\frac{8}{3}=7\frac{7}{15}$

❿ $\frac{25}{6}\times\frac{3}{2}=6\frac{1}{4}$

⓫ $2\frac{9}{13}\times2\frac{1}{15}=5\frac{22}{39}$

⓬ $5\frac{6}{35}\times1\frac{13}{15}=9\frac{49}{75}$

⓭ $\frac{5}{6}\times1\frac{12}{25}=1\frac{7}{30}$

⓮ $3\frac{7}{10}\times\frac{2}{21}=\frac{37}{105}$

⓯ $\frac{5}{12}\times\frac{2}{5}\times\frac{3}{8}=\frac{1}{16}$

⓰ $\frac{9}{14}\times21\times\frac{1}{3}=4\frac{1}{2}$

자기 점수에 ○표 하세요
맞힌 개수: 8개 이하 / 9~12개 / 13~14개 / 15~16개
학습 방법: 개념을 다시 공부하세요. / 조금 더 노력하세요. / 실수하면 안 돼요. / 참 잘했어요.

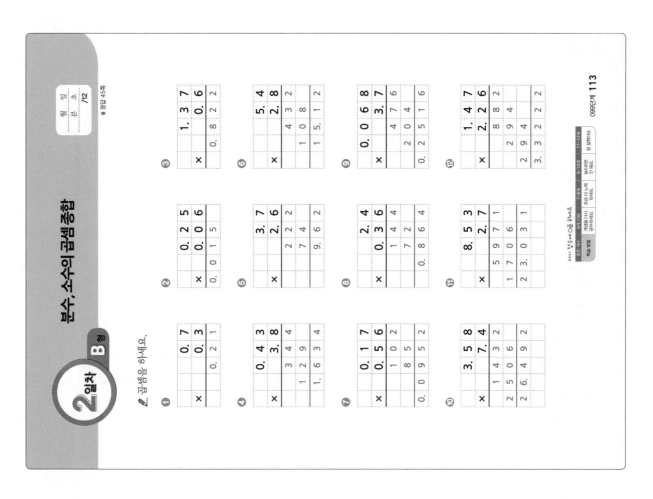

2일차 B형 분수, 소수의 곱셈 종합

월 일 / 분 초 / /12

정답 45쪽

✎ 곱셈을 하세요.

❶

			0.	7
×			0.	3
		0.	2	1

❷

		0.	2	5
×		0.	0	6
0.	0	1	5	

❸

		1.	3	7
×			0.	6
	0.	8	2	2

❹

		0.	4	3
×			3.	8
		3	4	4
	1	2	9	
	1.	6	3	4

❺

			3.	7
×			2.	6
		2	2	2
		7	4	
		9.	6	2

❻

			5.	4
×			2.	8
		4	3	2
	1	0	8	
	1	5.	1	2

❼

		0.	1	7
×		0.	5	6
		1	0	2
		8	5	
0.	0	9	5	2

❽

			2.	4
×		0.	3	6
		1	4	4
		7	2	
	0.	8	6	4

❾

	0.	0	6	8
×			3.	7
		4	7	6
	2	0	4	
0.	2	5	1	6

❿

		3.	5	8
×			7.	4
	1	4	3	2
2	5	0	6	
2	6.	4	9	2

⓫

		8.	5	3
×			2.	7
	5	9	7	1
1	7	0	6	
2	3.	0	3	1

⓬

		1.	4	7
×		2.	2	6
		8	8	2
	2	9	4	
2	9	4		
3.	3	2	2	2

자기 점수에 ○표 하세요
맞힌 개수: 6개 이하 / 7~8개 / 9~10개 / 11~12개
학습 방법: 개념을 다시 공부하세요. / 조금 더 노력하세요. / 실수하면 안 돼요. / 참 잘했어요.

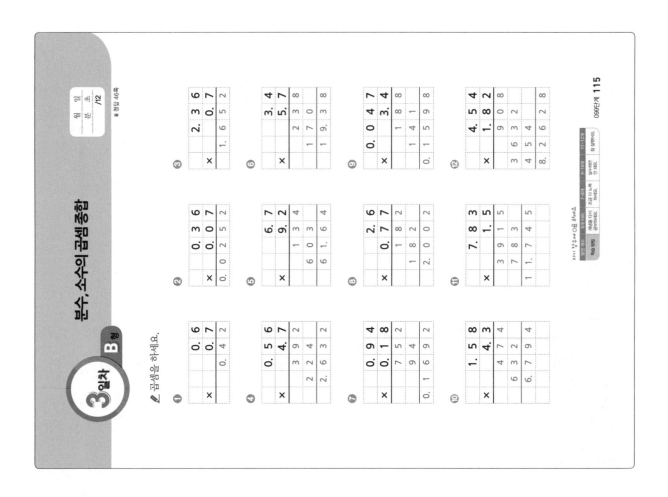

3일차 A형 분수, 소수의 곱셈 종합

월 일 / 분 초 / /16

다음을 계산하여 기약분수로 나타내세요.

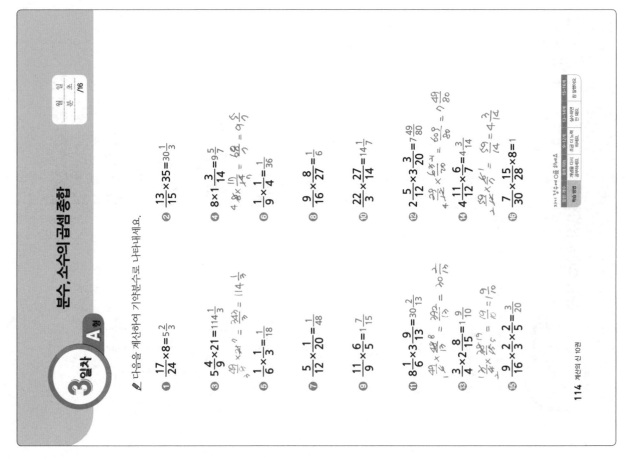

❶ $\frac{17}{24}\times8=5\frac{2}{3}$

❷ $\frac{13}{15}\times35=30\frac{1}{3}$

❸ $5\frac{4}{9}\times21=114\frac{1}{3}$

❹ $8\times1\frac{3}{14}=9\frac{5}{7}$

❺ $\frac{1}{6}\times\frac{1}{3}=\frac{1}{18}$

❻ $\frac{1}{9}\times\frac{1}{4}=\frac{1}{36}$

❼ $\frac{5}{12}\times\frac{1}{20}=\frac{1}{48}$

❽ $\frac{9}{16}\times\frac{8}{27}=\frac{1}{6}$

❾ $\frac{11}{9}\times\frac{6}{5}=1\frac{7}{15}$

❿ $\frac{22}{3}\times\frac{27}{14}=14\frac{1}{7}$

⓫ $8\frac{1}{6}\times3\frac{9}{13}=30\frac{2}{13}$

⓬ $2\frac{5}{12}\times3\frac{3}{20}=7\frac{49}{80}$

⓭ $\frac{3}{4}\times2\frac{8}{15}=1\frac{9}{10}$

⓮ $4\frac{11}{12}\times\frac{6}{7}=4\frac{3}{14}$

⓯ $\frac{9}{16}\times\frac{2}{3}\times\frac{2}{5}=\frac{3}{20}$

⓰ $\frac{7}{30}\times\frac{15}{28}\times8=1$

자기 점수에 ○표 하세요.

맞힌 개수	8개 이하	9~12개	13~14개	15~16개
학습 방법	개념을 다시 공부하세요.	조금 더 노력 하세요.	실수하면 안 돼요.	참 잘했어요.

3일차 B형 분수, 소수의 곱셈 종합

월 일 / 분 초 / /12

정답 46쪽

곱셈을 하세요.

❶ $0.6\times0.7=0.42$

❷ $0.36\times0.07=0.0252$

❸ $2.36\times0.7=1.652$

❹ 0.56×4.7: 392, 224, = 2.632

❺ 6.7×9.2: 134, 603, = 61.64

❻ 3.4×5.7: 238, 170, = 19.38

❼ 0.94×0.18: 752, 94, = 0.1692

❽ 2.6×0.77: 182, 182, = 2.002

❾ 0.047×3.4: 188, 141, = 0.1598

❿ 1.58×4.3: 474, 632, = 6.794

⓫ 7.83×1.5: 3915, 783, = 11.745

⓬ 4.54×1.82: 908, 3632, 454, = 8.2628

자기 점수에 ○표 하세요.

맞힌 개수	6개 이하	7~8개	9~10개	11~12개
학습 방법	개념을 다시 공부하세요.	조금 더 노력 하세요.	실수하면 안 돼요.	참 잘했어요.

4일차 A형

분수, 소수의 곱셈 종합

월 일
분 초
/16

✎ 다음을 계산하여 기약분수로 나타내세요.

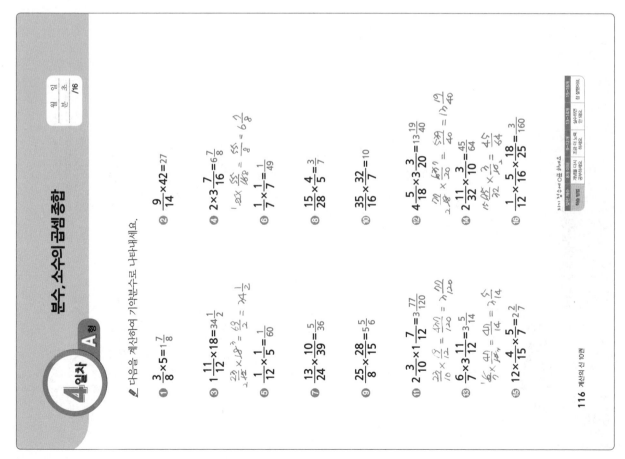

① $\frac{3}{8}\times5=1\frac{7}{8}$

② $\frac{9}{14}\times42=27$

③ $1\frac{11}{12}\times18=34\frac{1}{2}$

$\frac{23}{12}\times18=\frac{69}{2}=34\frac{1}{2}$

④ $2\times3\frac{7}{16}=6\frac{7}{8}$

$2\times\frac{55}{16}=\frac{55}{8}=6\frac{7}{8}$

⑤ $\frac{1}{12}\times\frac{1}{5}=\frac{1}{60}$

⑥ $\frac{1}{7}\times\frac{1}{7}=\frac{1}{49}$

⑦ $\frac{13}{24}\times\frac{10}{39}=\frac{5}{36}$

⑧ $\frac{15}{28}\times\frac{4}{5}=\frac{3}{7}$

⑨ $\frac{25}{8}\times\frac{28}{15}=5\frac{5}{6}$

⑩ $\frac{35}{16}\times\frac{32}{7}=10$

⑪ $2\frac{3}{10}\times1\frac{7}{12}=3\frac{77}{120}$

$\frac{23}{10}\times\frac{19}{12}=\frac{437}{120}=3\frac{77}{120}$

⑫ $4\frac{5}{18}\times3\frac{3}{20}=13\frac{19}{40}$

$\frac{77}{18}\times\frac{63}{20}=\frac{539}{40}=13\frac{19}{40}$

⑬ $\frac{6}{7}\times3\frac{11}{12}=3\frac{5}{14}$

$\frac{6}{7}\times\frac{47}{12}=\frac{47}{14}=3\frac{5}{14}$

⑭ $2\frac{11}{32}\times\frac{3}{10}=\frac{45}{64}$

$\frac{75}{32}\times\frac{3}{10}=\frac{45}{64}$

⑮ $12\times\frac{4}{15}\times\frac{5}{7}=2\frac{2}{7}$

⑯ $\frac{1}{12}\times\frac{5}{16}\times\frac{18}{25}=\frac{3}{160}$

자기 점수에 ○표 하세요

맞힌 개수	8개 이하	9~12개	13~14개	15~16개
학습 방법	개념을 다시 공부하세요.	조금 더 노력하세요.	실수하면 안 돼요.	참 잘했어요.

4일차 B형

분수, 소수의 곱셈 종합

월 일
분 초
/12

정답 47쪽

✎ 곱셈을 하세요.

①

		0.	9
×		0.	4
		0.	3 6

Result: 0.36

			0.	9
×			0.	4
		0.	3	6

②

		0.	5	3
×		0.	0	4
0.	0	2	1	2

③

		2.	8	7
×		0.	3	
	0.	8	6	1

④

		0.	9	2
×			4.	7
		6	4	4
	3	6	8	
	4.	3	2	4

⑤

			5.	9
×			6.	2
		1	1	8
	3	5	4	
	3	6.	5	8

⑥

			4.	3
×			8.	7
		3	0	1
	3	4	4	
	3	7.	4	1

⑦

		0.	8	6
×		0.	4	7
		6	0	2
	3	4	4	
0.	4	0	4	2

⑧

			3.	7
×		0.	2	6
		2	2	2
		7	4	
	0.	9	6	2

⑨

	0.	0	5	7
×			2.	8
		4	5	6
	1	1	4	
0.	1	5	9	6

⑩

		4.	3	6
×			1.	6
	2	6	1	6
	4	3	6	
	6.	9	7	6

⑪

		5.	7	6
×			2.	7
	4	0	3	2
1	1	5	2	
1	5.	5	5	2

⑫

		2.	9	4
×		2.	3	7
	2	0	5	8
	8	8	2	
5	8	8		
6.	9	6	7	8

자기 점수에 ○표 하세요

맞힌 개수	6개 이하	7~8개	9~10개	11~12개
학습 방법	개념을 다시 공부하세요.	조금 더 노력하세요.	실수하면 안 돼요.	참 잘했어요.

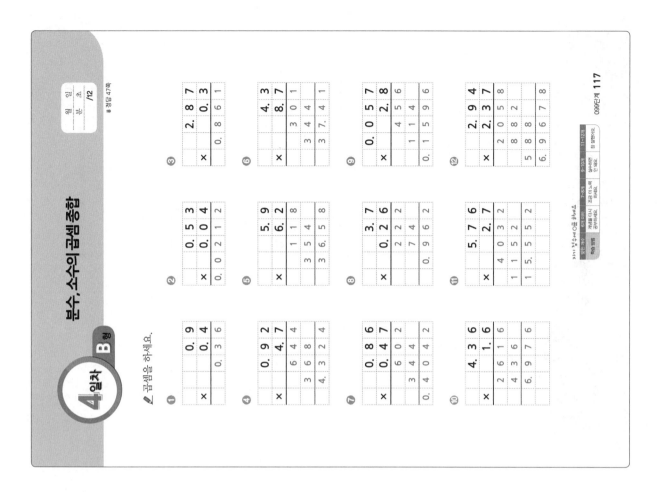

5일차 A형 분수, 소수의 곱셈 종합

월 일 / 분 초 / /16

✎ 다음을 계산하여 기약분수로 나타내세요.

❶ $\frac{2}{15}\times35=4\frac{2}{3}$

❷ $\frac{17}{20}\times8=6\frac{4}{5}$

❸ $2\frac{5}{16}\times24=55\frac{1}{2}$

❹ $12\times5\frac{23}{30}=69\frac{1}{5}$

❺ $\frac{1}{6}\times\frac{1}{16}=\frac{1}{96}$

❻ $\frac{1}{12}\times\frac{1}{15}=\frac{1}{180}$

❼ $\frac{3}{8}\times\frac{4}{9}=\frac{1}{6}$

❽ $\frac{25}{36}\times\frac{8}{15}=\frac{10}{27}$

❾ $\frac{19}{4}\times\frac{10}{7}=6\frac{11}{14}$

❿ $\frac{27}{10}\times\frac{25}{18}=3\frac{3}{4}$

⓫ $1\frac{17}{100}\times1\frac{13}{15}=2\frac{23}{125}$

⓬ $2\frac{2}{9}\times9\frac{15}{16}=22\frac{1}{12}$

⓭ $\frac{8}{21}\times2\frac{3}{20}=\frac{86}{105}$

⓮ $2\frac{3}{28}\times\frac{7}{15}=\frac{59}{60}$

⓯ $\frac{1}{6}\times\frac{3}{20}\times\frac{8}{11}=\frac{1}{55}$

⓰ $\frac{5}{24}\times\frac{21}{10}\times\frac{4}{9}=\frac{7}{36}$

자기 점수에 ○표 하세요.

맞힌 개수	8개 이하	9~12개	13~14개	15~16개
학습 방법	개념을 다시 공부하세요.	조금 더 노력하세요.	실수하면 안 돼요.	참 잘했어요.

5일차 B형 분수, 소수의 곱셈 종합

월 일 / 분 초 / /12

정답 48쪽

이번 단계에서는 10권에서 배운 분수의 곱셈, 소수의 곱셈을 정리해 보았습니다. 다음 단계에서는 계산을 활용하는 단계로 평균에 대해 공부합니다.

✎ 곱셈을 하세요.

❶

		0.	6
×		0.	7
		0. 4	2

❷

		0.	9	2
×		0.	0	7
0.	0	6	4	4

❸

		2.	3	5
×			0.	7
	1.	6	4	5

❹

		0.	7	2
×			1.	8
		5	7	6
		7	2	
	1.	2	9	6

❺

			2.	3
×			6.	7
		1	6	1
	1	3	8	
	1	5.	4	1

❻

			3.	2
×			4.	7
		2	2	4
	1	2	8	
	1	5.	0	4

❼

		0.	5	7
×		0.	3	6
		3	4	2
	1	7	1	
0.	2	0	5	2

❽

			5.	8
×		0.	2	4
		2	3	2
	1	1	6	
	1.	3	9	2

❾

	0.	0	7	4
×			1.	7
		5	1	8
		7	4	
0.	1	2	5	8

❿

		5.	4	3
×			7.	3
	1	6	2	9
3	8	0	1	
3	9.	6	3	9

⓫

		6.	1	8
×			2.	5
	3	0	9	0
1	2	3	6	
1	5.	4	5	

⓬

		2.	4	2
×		3.	3	7
	1	6	9	4
	7	2	6	
7	2	6		
8.	1	5	5	4

자기 점수에 ○표 하세요.

맞힌 개수	6개 이하	7~8개	9~10개	11~12개
학습 방법	개념을 다시 공부하세요.	조금 더 노력하세요.	실수하면 안 돼요.	참 잘했어요.

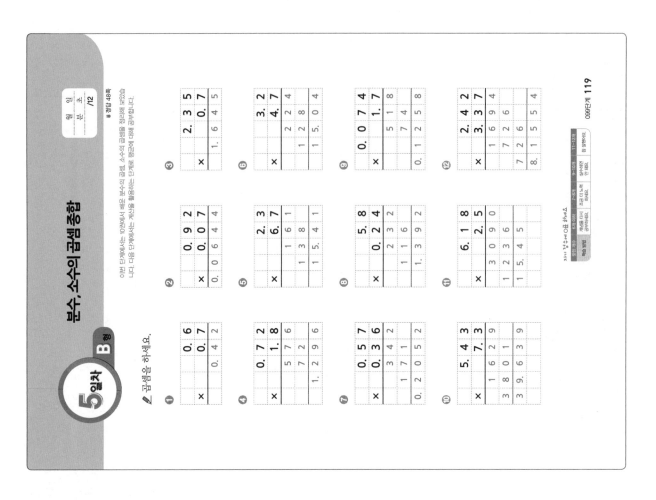

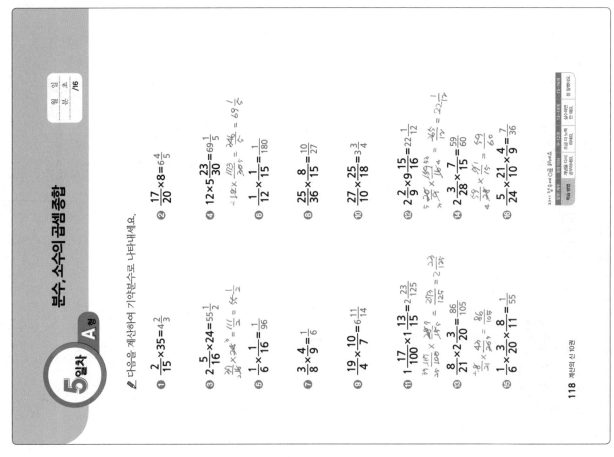

세 단계 묶어 풀기 097 ~ 099단계
소수의 곱셈, 분수와 소수의 곱셈 종합

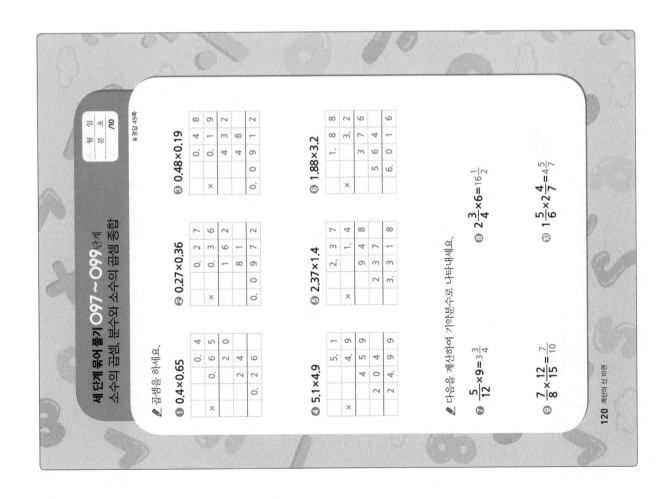

월 일
분 초
/10

정답 49쪽

곱셈을 하세요.

❶ 0.4×0.65

			0.	4
×		0.	6	5
			2	0
		2	4	
	0.	2	6	

❷ 0.27×0.36

		0.	2	7
×		0.	3	6
		1	6	2
		8	1	
0.	0	9	7	2

❸ 0.48×0.19

		0.	4	8
×		0.	1	9
		4	3	2
		4	8	
0.	0	9	1	2

❹ 5.1×4.9

			5.	1
×			4.	9
		4	5	9
	2	0	4	
	2	4.	9	9

❺ 2.37×1.4

		2.	3	7
×			1.	4
		9	4	8
	2	3	7	
	3.	3	1	8

❻ 1.88×3.2

		1.	8	8
×			3.	2
		3	7	6
	5	6	4	
	6.	0	1	6

다음을 계산하여 기약분수로 나타내세요.

❼ $\frac{5}{12}\times9=3\frac{3}{4}$

❽ $2\frac{3}{4}\times6=16\frac{1}{2}$

❾ $\frac{7}{8}\times\frac{12}{15}=\frac{7}{10}$

❿ $1\frac{5}{6}\times2\frac{4}{7}=4\frac{5}{7}$

120 계산의 신 10권

1일차 A형 계산의 활용-평균

월	일
분	초
	/7

모든 자료의 합부터
구해봐

주어진 자료의 평균을 구하세요.

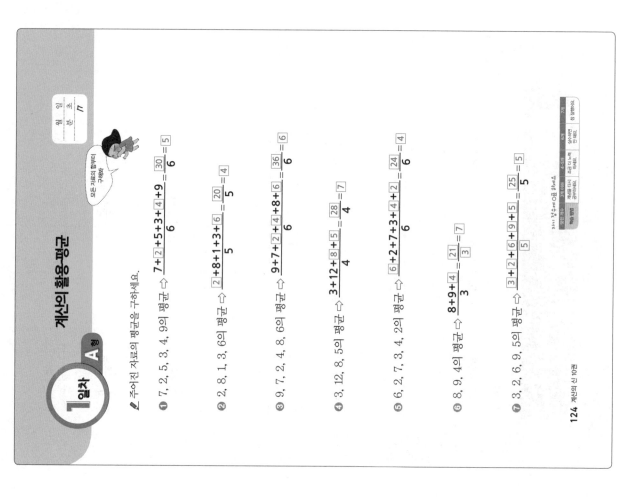

❶ 7, 2, 5, 3, 4, 9의 평균 ⇨ $\frac{7+\boxed{2}+5+3+\boxed{4}+9}{6}=\frac{\boxed{30}}{6}=\boxed{5}$

❷ 2, 8, 1, 3, 6의 평균 ⇨ $\frac{\boxed{2}+8+1+3+\boxed{6}}{5}=\frac{\boxed{20}}{5}=\boxed{4}$

❸ 9, 7, 2, 4, 8, 6의 평균 ⇨ $\frac{9+7+\boxed{2}+\boxed{4}+8+\boxed{6}}{6}=\frac{\boxed{36}}{6}=\boxed{6}$

❹ 3, 12, 8, 5의 평균 ⇨ $\frac{3+12+\boxed{8}+\boxed{5}}{4}=\frac{\boxed{28}}{4}=\boxed{7}$

❺ 6, 2, 7, 3, 4, 2의 평균 ⇨ $\frac{\boxed{6}+2+7+3+\boxed{4}+\boxed{2}}{6}=\frac{\boxed{24}}{6}=\boxed{4}$

❻ 8, 9, 4의 평균 ⇨ $\frac{8+9+\boxed{4}}{3}=\frac{\boxed{21}}{\boxed{3}}=\boxed{7}$

❼ 3, 2, 6, 9, 5의 평균 ⇨ $\frac{\boxed{3}+\boxed{2}+\boxed{6}+\boxed{9}+\boxed{5}}{\boxed{5}}=\frac{\boxed{25}}{5}=\boxed{5}$

자기 점수에 ○표 하세요

맞힌 개수	3개 이하	4~5개	6개	7개
학습 방법	개념을 다시 공부하세요.	조금 더 노력하세요.	실수하면 안 돼요.	참 잘했어요.

1일차 B형 계산의 활용-평균

월	일
분	초
	/8

정답 50쪽

자료 값의 합과 자료의
개수를 정확히 이해하자!

주어진 자료의 평균을 구하세요.

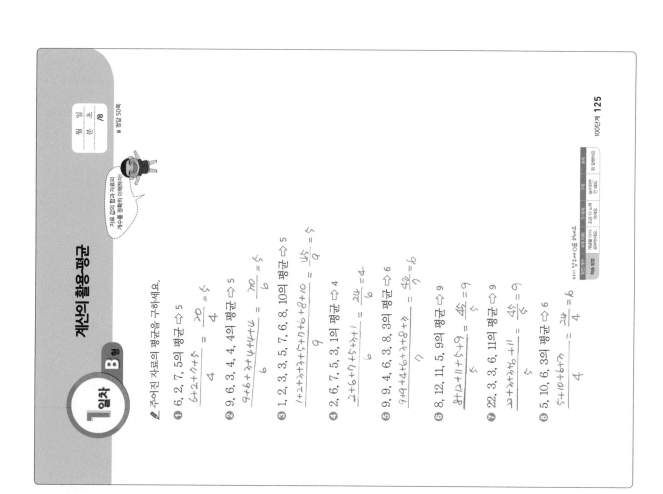

❶ 6, 2, 7, 5의 평균 ⇨ 5
$\frac{6+2+7+5}{4}=\frac{20}{4}=5$

❷ 9, 6, 3, 4, 4, 4의 평균 ⇨ 5
$\frac{9+6+3+4+4+4}{6}=\frac{30}{6}=5$

❸ 1, 2, 3, 3, 5, 7, 6, 8, 10의 평균 ⇨ 5
$\frac{1+2+3+3+5+7+6+8+10}{9}=\frac{45}{9}=5$

❹ 2, 6, 7, 5, 3, 1의 평균 ⇨ 4
$\frac{2+6+7+5+3+1}{6}=\frac{24}{6}=4$

❺ 9, 9, 4, 6, 3, 8, 3의 평균 ⇨ 6
$\frac{9+9+4+6+3+8+3}{7}=\frac{42}{7}=6$

❻ 8, 12, 11, 5, 9의 평균 ⇨ 9
$\frac{8+12+11+5+9}{5}=\frac{45}{5}=9$

❼ 22, 3, 3, 6, 11의 평균 ⇨ 9
$\frac{22+3+3+6+11}{5}=\frac{45}{5}=9$

❽ 5, 10, 6, 3의 평균 ⇨ 6
$\frac{5+10+6+3}{4}=\frac{24}{4}=6$

자기 점수에 ○표 하세요

맞힌 개수	4개 이하	5~6개	7개	8개
학습 방법	개념을 다시 공부하세요.	조금 더 노력하세요.	실수하면 안 돼요.	참 잘했어요.

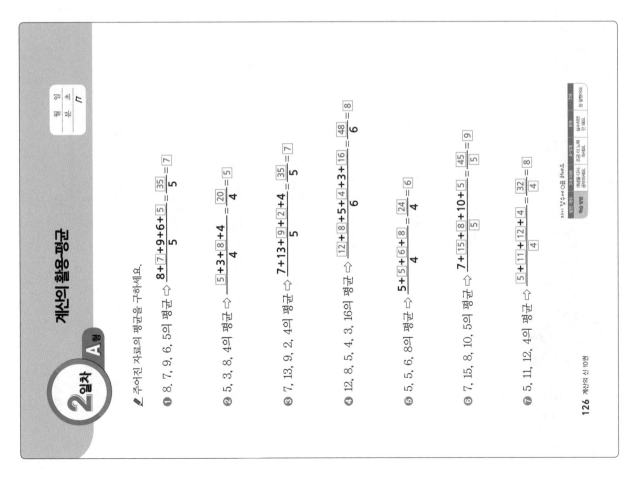

2일차 A형 계산의 활용-평균

월 일 / 분 초 / /7

✎ 주어진 자료의 평균을 구하세요.

❶ 8, 7, 9, 6, 5의 평균 ⇨ $\frac{8+\boxed{7}+9+6+\boxed{5}}{5}=\frac{\boxed{35}}{5}=\boxed{7}$

❷ 5, 3, 8, 4의 평균 ⇨ $\frac{\boxed{5}+3+\boxed{8}+4}{4}=\frac{\boxed{20}}{4}=\boxed{5}$

❸ 7, 13, 9, 2, 4의 평균 ⇨ $\frac{7+13+\boxed{9}+\boxed{2}+4}{5}=\frac{\boxed{35}}{5}=\boxed{7}$

❹ 12, 8, 5, 4, 3, 16의 평균 ⇨ $\frac{\boxed{12}+\boxed{8}+5+\boxed{4}+3+\boxed{16}}{6}=\frac{\boxed{48}}{6}=\boxed{8}$

❺ 5, 5, 6, 8의 평균 ⇨ $\frac{5+\boxed{5}+\boxed{6}+\boxed{8}}{4}=\frac{\boxed{24}}{4}=\boxed{6}$

❻ 7, 15, 8, 10, 5의 평균 ⇨ $\frac{7+\boxed{15}+\boxed{8}+10+\boxed{5}}{\boxed{5}}=\frac{\boxed{45}}{\boxed{5}}=\boxed{9}$

❼ 5, 11, 12, 4의 평균 ⇨ $\frac{\boxed{5}+\boxed{11}+\boxed{12}+\boxed{4}}{\boxed{4}}=\frac{\boxed{32}}{\boxed{4}}=\boxed{8}$

자기 점수에 ○표 하세요.

맞힌 개수	3개 이하	4~5개	6개	7개
학습 방법	개념을 다시 공부하세요.	조금 더 노력 하세요.	실수하면 안 돼요.	참 잘했어요.

2일차 B형 계산의 활용-평균

월 일 / 분 초 / /8

정답 51쪽

✎ 주어진 자료의 평균을 구하세요.

❶ 10, 10, 20, 30, 50의 평균 ⇨ 24

$\frac{10+10+20+30+50}{5}=\frac{120}{5}=24$

❷ 9, 2, 5, 5, 8, 7의 평균 ⇨ 6

$\frac{9+2+5+5+8+7}{6}=\frac{36}{6}=6$

❸ 7, 7, 8, 9, 9의 평균 ⇨ 8

$\frac{7+7+8+9+9}{5}=\frac{40}{5}=8$

❹ 12, 10, 9, 5, 4의 평균 ⇨ 8

$\frac{12+10+9+5+4}{5}=\frac{40}{5}$

❺ 6, 3, 6, 3, 12의 평균 ⇨ 6

$\frac{6+3+6+3+12}{5}=\frac{30}{5}=6$

❻ 15, 21, 24의 평균 ⇨ 20

$\frac{15+21+24}{3}=\frac{60}{3}=20$

❼ 9, 10, 10, 7의 평균 ⇨ 9

$\frac{9+10+10+7}{4}=\frac{36}{4}=9$

❽ 16, 12, 6, 7, 9의 평균 ⇨ 10

$\frac{16+12+6+7+9}{5}=\frac{50}{5}=10$

자기 점수에 ○표 하세요.

맞힌 개수	4개 이하	5~6개	7개	8개
학습 방법	개념을 다시 공부하세요.	조금 더 노력 하세요.	실수하면 안 돼요.	참 잘했어요.

3일차 A형 계산의 활용-평균

월 일
분 초
/7

주어진 자료의 평균을 구하세요.

❶ 2, 10, 4, 6, 3의 평균 ⇨ $\frac{2+\boxed{10}+4+6+\boxed{3}}{5}=\frac{\boxed{25}}{5}=\boxed{5}$

❷ 1, 1, 8, 9, 14, 15의 평균 ⇨ $\frac{1+1+8+\boxed{9}+14+\boxed{15}}{6}=\frac{\boxed{48}}{6}=\boxed{8}$

❸ 6, 8, 13, 9의 평균 ⇨ $\frac{6+\boxed{8}+13+\boxed{9}}{4}=\frac{\boxed{36}}{4}=\boxed{9}$

❹ 2, 2, 4, 6, 8, 5, 8의 평균 ⇨ $\frac{2+\boxed{2}+\boxed{4}+6+\boxed{8}+5+\boxed{8}}{7}=\frac{\boxed{35}}{7}=\boxed{5}$

❺ 5, 8, 16, 17, 4의 평균 ⇨ $\frac{5+\boxed{8}+\boxed{16}+\boxed{17}+4}{5}=\frac{\boxed{50}}{5}=\boxed{10}$

❻ 7, 4, 9, 9, 1의 평균 ⇨ $\frac{7+\boxed{4}+\boxed{9}+9+\boxed{1}}{\boxed{5}}=\frac{\boxed{30}}{\boxed{5}}=\boxed{6}$

❼ 3, 1, 5, 10, 3, 2의 평균 ⇨ $\frac{\boxed{3}+\boxed{1}+\boxed{5}+\boxed{10}+\boxed{3}+\boxed{2}}{\boxed{6}}=\frac{\boxed{24}}{\boxed{6}}=\boxed{4}$

자기 점수에 ○표 하세요

맞힌 개수	3개 이하	4~5개	6개	7개
학습 방법	개념을 다시 공부하세요.	조금 더 노력 하세요.	실수하면 안 돼요.	참 잘했어요.

3일차 B형 계산의 활용-평균

월 일
분 초
/8

정답 52쪽

주어진 자료의 평균을 구하세요.

❶ 9, 9, 9, 9, 9의 평균 ⇨ 9

$\frac{9+9+9+9+9}{5}=\frac{45}{5}=9$

❷ 1, 3, 4, 9, 11, 8의 평균 ⇨ 6

$\frac{1+3+4+9+11+8}{6}=\frac{36}{6}=6$

❸ 5, 4, 3, 2, 7, 3의 평균 ⇨ 4

$\frac{5+4+3+2+7+3}{6}=\frac{24}{6}=4$

❹ 8, 13, 16, 11, 2의 평균 ⇨ 10

$\frac{8+13+16+11+2}{5}=\frac{50}{5}=10$

❺ 21, 14, 4, 5의 평균 ⇨ 11

$\frac{21+14+4+5}{4}=\frac{44}{4}=11$

❻ 3, 4, 8, 11, 16, 12의 평균 ⇨ 9

$\frac{3+4+8+11+16+12}{6}=\frac{54}{6}=9$

❼ 7, 11, 6, 14, 7의 평균 ⇨ 9

$\frac{7+11+6+14+7}{5}=\frac{45}{5}=9$

❽ 6, 9, 6, 9, 5의 평균 ⇨ 7

$\frac{6+9+6+9+5}{5}=\frac{35}{5}=7$

자기 점수에 ○표 하세요

맞힌 개수	4개 이하	5~6개	7개	8개
학습 방법	개념을 다시 공부하세요.	조금 더 노력 하세요.	실수하면 안 돼요.	참 잘했어요.

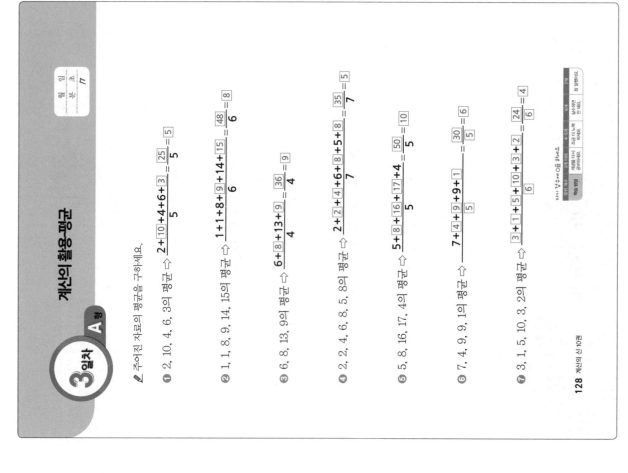

4일차 A형

계산의 활용-평균

월 일
분 초
/7

주어진 자료의 평균을 구하세요.

❶ 3, 1, 5, 9, 8, 4의 평균 ⇨ $\frac{3+\boxed{1}+5+9+8+\boxed{4}}{6}=\frac{\boxed{30}}{6}=\boxed{5}$

❷ 7, 11, 19, 6, 7의 평균 ⇨ $\frac{\boxed{7}+11+19+\boxed{6}+\boxed{7}}{5}=\frac{\boxed{50}}{5}=\boxed{10}$

❸ 12, 12, 16, 16의 평균 ⇨ $\frac{12+\boxed{12}+16+\boxed{16}}{4}=\frac{\boxed{56}}{4}=\boxed{14}$

❹ 5, 4, 3, 9, 12, 3의 평균 ⇨ $\frac{5+\boxed{4}+3+\boxed{9}+12+\boxed{3}}{6}=\frac{\boxed{36}}{6}=\boxed{6}$

❺ 8, 13, 16, 15, 18의 평균 ⇨ $\frac{8+\boxed{13}+\boxed{16}+\boxed{15}+18}{5}=\frac{\boxed{70}}{5}=\boxed{14}$

❻ 10, 15, 4, 9, 7의 평균 ⇨ $\frac{10+\boxed{15}+\boxed{4}+9+\boxed{7}}{\boxed{5}}=\frac{\boxed{45}}{\boxed{5}}=\boxed{9}$

❼ 2, 7, 10, 13, 15, 7의 평균 ⇨ $\frac{\boxed{2}+\boxed{7}+\boxed{10}+\boxed{13}+\boxed{15}+\boxed{7}}{\boxed{6}}=\frac{\boxed{54}}{\boxed{6}}=\boxed{9}$

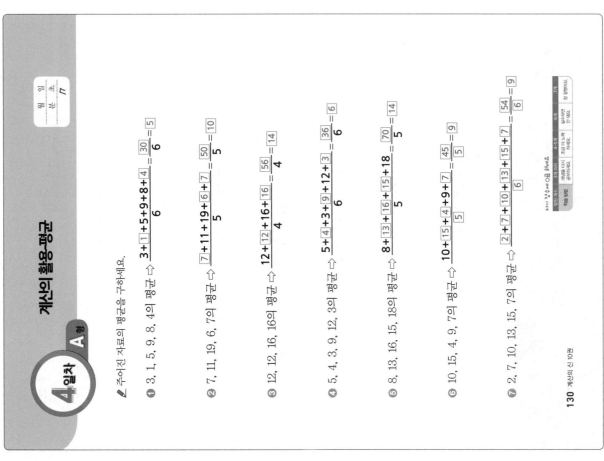

자기 점수에 ○표 하세요.

맞힌 개수	3개 이하	4~5개	6개	7개
학습 방법	개념을 다시 공부하세요.	조금 더 노력하세요.	실수하면 안 돼요.	참 잘했어요.

4일차 B형

계산의 활용-평균

월 일
분 초
/8

정답 53쪽

주어진 자료의 평균을 구하세요.

❶ 12, 10, 10, 8의 평균 ⇨ 10

$\frac{12+10+10+8}{4}=\frac{40}{4}=10$

❷ 9, 6, 8, 10, 15, 6의 평균 ⇨ 9

$\frac{9+6+8+10+15+6}{6}=\frac{54}{6}=9$

❸ 21, 22, 15, 17, 10의 평균 ⇨ 17

$\frac{21+22+15+17+10}{5}=\frac{85}{5}=17$

❹ 3, 5, 9, 11, 5, 2, 7의 평균 ⇨ 6

$\frac{3+5+9+11+5+2+7}{7}=\frac{42}{7}=6$

❺ 11, 12, 14, 8, 5의 평균 ⇨ 10

$\frac{11+12+14+8+5}{5}=\frac{50}{5}=10$

❻ 8, 17, 6, 5의 평균 ⇨ 9

$\frac{8+17+6+5}{4}=\frac{36}{4}=9$

❼ 25, 21, 17의 평균 ⇨ 21

$\frac{25+21+17}{3}=\frac{63}{3}=21$

❽ 8, 9, 13, 5, 4, 15의 평균 ⇨ 9

$\frac{8+9+13+5+4+15}{6}=\frac{54}{6}=9$

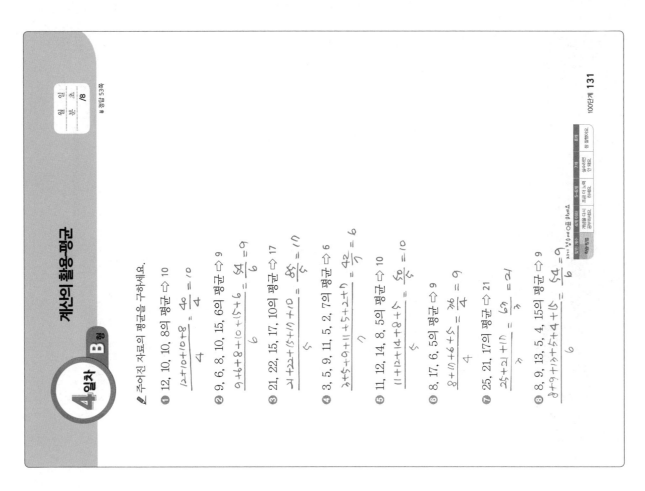

자기 점수에 ○표 하세요.

맞힌 개수	4개 이하	5~6개	7개	8개
학습 방법	개념을 다시 공부하세요.	조금 더 노력하세요.	실수하면 안 돼요.	참 잘했어요.

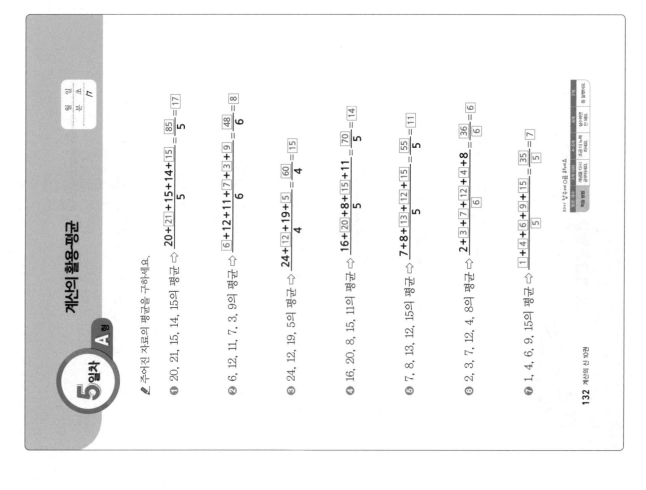

5일차 A형 계산의 활용-평균

월 일 / 분 초 / /7

✎ 주어진 자료의 평균을 구하세요.

❶ 20, 21, 15, 14, 15의 평균 ⇨ $\frac{20+\boxed{21}+15+14+\boxed{15}}{5}=\frac{\boxed{85}}{5}=\boxed{17}$

❷ 6, 12, 11, 7, 3, 9의 평균 ⇨ $\frac{\boxed{6}+12+11+\boxed{7}+\boxed{3}+\boxed{9}}{6}=\frac{\boxed{48}}{6}=\boxed{8}$

❸ 24, 12, 19, 5의 평균 ⇨ $\frac{24+\boxed{12}+19+\boxed{5}}{4}=\frac{\boxed{60}}{4}=\boxed{15}$

❹ 16, 20, 8, 15, 11의 평균 ⇨ $\frac{16+\boxed{20}+8+\boxed{15}+11}{5}=\frac{\boxed{70}}{5}=\boxed{14}$

❺ 7, 8, 13, 12, 15의 평균 ⇨ $\frac{7+8+\boxed{13}+\boxed{12}+\boxed{15}}{5}=\frac{\boxed{55}}{5}=\boxed{11}$

❻ 2, 3, 7, 12, 4, 8의 평균 ⇨ $\frac{2+\boxed{3}+\boxed{7}+\boxed{12}+\boxed{4}+8}{\boxed{6}}=\frac{\boxed{36}}{\boxed{6}}=\boxed{6}$

❼ 1, 4, 6, 9, 15의 평균 ⇨ $\frac{\boxed{1}+\boxed{4}+\boxed{6}+\boxed{9}+\boxed{15}}{\boxed{5}}=\frac{\boxed{35}}{\boxed{5}}=\boxed{7}$

자기 점수에 ○표 하세요.

맞힌 개수	3개 이하	4~5개	6개	7개
학습 방법	개념을 다시 공부하세요.	조금 더 노력 하세요.	실수하면 안 돼요.	참 잘했어요.

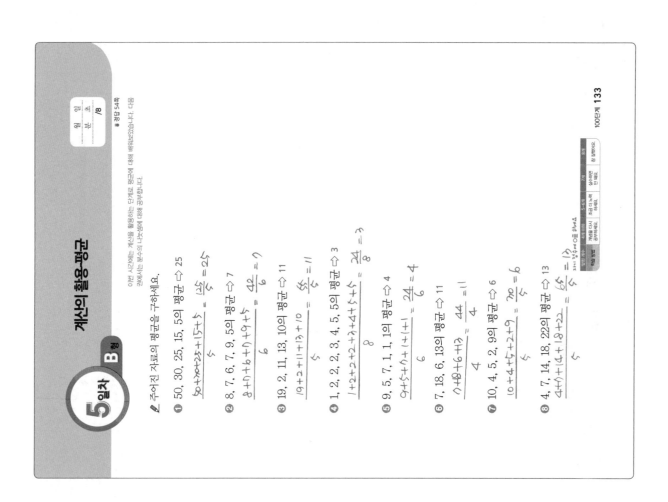

5일차 B형 계산의 활용-평균

월 일 / 분 초 / /8

▮ 정답 54쪽

이번 시간에는 계산을 활용하는 단계로 평균에 대해 배워보았습니다. 다음 권에서는 분수의 나눗셈에 대해 공부합니다.

✎ 주어진 자료의 평균을 구하세요.

❶ 50, 30, 25, 15, 5의 평균 ⇨ 25

$\frac{50+30+25+15+5}{5}=\frac{125}{5}=25$

❷ 8, 7, 6, 7, 9, 5의 평균 ⇨ 7

$\frac{8+7+6+7+9+5}{6}=\frac{42}{6}=7$

❸ 19, 2, 11, 13, 10의 평균 ⇨ 11

$\frac{19+2+11+13+10}{5}=\frac{55}{5}=11$

❹ 1, 2, 2, 2, 3, 4, 5, 5의 평균 ⇨ 3

$\frac{1+2+2+2+3+4+5+5}{8}=\frac{24}{8}=3$

❺ 9, 5, 7, 1, 1, 1의 평균 ⇨ 4

$\frac{9+5+7+1+1+1}{6}=\frac{24}{6}=4$

❻ 7, 18, 6, 13의 평균 ⇨ 11

$\frac{7+18+6+13}{4}=\frac{44}{4}=11$

❼ 10, 4, 5, 2, 9의 평균 ⇨ 6

$\frac{10+4+5+2+9}{5}=\frac{30}{5}=6$

❽ 4, 7, 14, 18, 22의 평균 ⇨ 13

$\frac{4+7+14+18+22}{5}=\frac{65}{5}=13$

자기 점수에 ○표 하세요.

맞힌 개수	4개 이하	5~6개	7개	8개
학습 방법	개념을 다시 공부하세요.	조금 더 노력 하세요.	실수하면 안 돼요.	참 잘했어요.

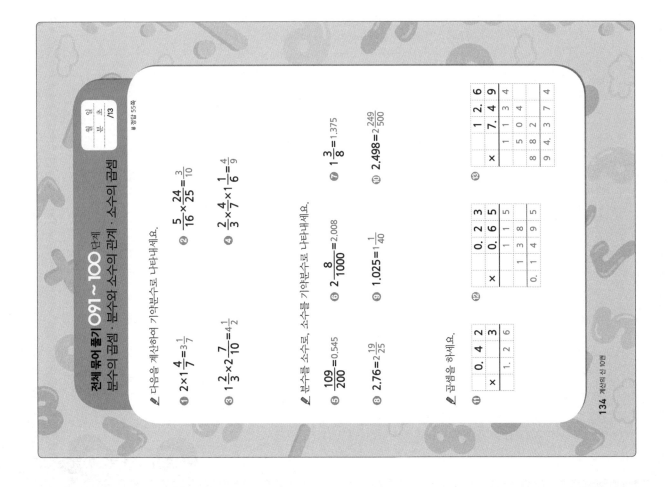

전체 묶어 풀기 091 ~ 100 단계
분수의 곱셈 · 분수와 소수의 관계 · 소수의 곱셈

월 일
분 초
/13

정답 55쪽

다음을 계산하여 기약분수로 나타내세요.

❶ $2\times1\frac{4}{7}=3\frac{1}{7}$

❷ $\frac{5}{16}\times\frac{24}{25}=\frac{3}{10}$

❸ $1\frac{2}{3}\times2\frac{7}{10}=4\frac{1}{2}$

❹ $\frac{2}{3}\times\frac{4}{7}\times1\frac{1}{6}=\frac{4}{9}$

분수를 소수로, 소수를 기약분수로 나타내세요.

❺ $\frac{109}{200}=0.545$

❻ $2\frac{8}{1000}=2.008$

❼ $1\frac{3}{8}=1.375$

❽ $2.76=2\frac{19}{25}$

❾ $1.025=1\frac{1}{40}$

❿ $2.498=2\frac{249}{500}$

곱셈을 하세요.

⓫

	0.	4	2
×			3
	1.	2	6

⓬

		0.	2	3
×		0.	6	5
		1	1	5
	1	3	8	
0.	1	4	9	5

⓭

		1	2.	6
×		7.	4	9
	1	1	3	4
	5	0	4	
8	8	2		
9	4.	3	7	4

신(神)의 Note

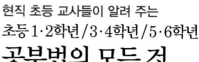